O

A Taste *for the* Beautiful

性 与 美

颜 值 的 进 化 史

The Evolution *of* Attraction

Michael J. Ryan

[美] 迈克尔·瑞安 著　余湉 译

CTSK 湖南科学技术出版社
·长沙·

为了纪念旅伴斯坦利·兰德

为了感谢史密森热带研究所

对本书的赞誉

基因本私。每一段基因都有强烈的复制自己的欲望，每一个物种都希望能获得更多的竞争优势。于是乎，简单的单细胞生物学会了交换基因，复杂的多细胞生物开始了有性生殖。而伴随着神经系统愈发高级，作为不同性别的双方开始"以貌取人"。从达尔文开始，科学家们也终于逐步认知到"对美的选择就是对健康的选择"。但我则看到，人类开始关注自身的多样性和机会公平，努力去确保"性别平权"而并非"赢者通吃"，在基因之自私性的基础上涌现出了无私之人性，甚慰之。

——尹烨（华大集团CEO）

性的进化，这个曾经长期困扰达尔文的难题，指向了生物世界为何如此千姿百态的秘密。本书从动物和人类行为的角度入手，生动剖析了围绕性的有趣而深刻的生物学研究发现，帮助我们更好地理解性从何而来，为何如此重要，又会把生物世界带向何处。

——王立铭（深圳湾实验室资深研究员）

这本书是优秀科普作品的典范，瑞安用普通读者易于理解的语言，阐释了最先进的研究结论，诙谐有趣，读起来一点也不枯燥。美丽不仅存在于我们的眼睛中，也存在于我们的大脑里！

——智能路障（哔哩哔哩百大UP主）

这是一个在实验室和田野研究中，对数十种物种在性审美上的回顾……如果从瑞安对性审美的调查中可以学到一个知识点，那就是每个物种都具有独特的进化历史，以及拥有特别调整过的一系列感觉器官来感知世界的。简而言之，鸟和蜜蜂之间的浪漫与人类男女之间的浪漫有一个共同点，那就是它们都很复杂。

——劳伦斯·马歇尔

瑞安用他对动物届（包括人类）的吸引力的描述吸引了读者。正如他所说，美在"旁观者的大脑"中。

——《科学美国人》

作者在蛙上的工作发展成他的一个毕生兴趣。他发现美不仅存在于动物的叫声中，还存在于它们散发出的气味和呈现出的颜色中。他认为，是大脑中的某些区域帮助动物确定什么是美的。

——《柯克斯书评》

瑞安努力为普通读者写作，故事里充满了我们和动物世界中其他成员所居住的性市场里的有趣故事。

——《柯克斯书评》

在这本引人入胜的书中，得克萨斯大学动物学教授瑞安用科学方法讨论了为什么某些生物学特征会具有性吸引力。瑞安在一系列动物身上进行了一次深入和具启发性的关于大脑功能的讨论，重点关注三种感官：视觉、听觉和嗅觉。在每一个案例中，他都展示了最新的研究结果，其中一些是他自己实验室的，所以他还详细地描述了实验设计的性质以及在讨论未知事物时获得新发现的兴奋。瑞安这本书挑起了读者强烈的求知欲。

——《出版人周刊》

一定要看看这本书，你将会在自然中找到自己一直错过的美。你会因此而进化。

——大卫·多布斯

这本科普书里的概念和研究，进化生物学家们不会感到惊讶，但对普通大众却十分有趣。我建议将其作为介绍该研究领域的一本有趣且非常易读的入门书来读。对了，并且还有足够多的讲述昆虫的内容和相关例子让昆虫学家们感到兴致盎然。

——《昆虫学家公报》

《性与美：颜值的进化史》是一个对性选择和配偶选择这个科学话题的一个广受欢迎的补充。瑞安用让人着迷的方法介绍了"配偶偏好是如何产生的"，这本书既包含了历代研究，也强调了将来需要进一步研究的方向。

——《生态与进化趋势》

前言

　　我是一位科学家，这个职业给了我了解一小部分自然界的机会。我也是一位教授，这个职业让我能够将自己在动物行为和进化这个工作领域里的发现解释给别人听。我的听众通常是大学生和其他科学工作者，尽管我也经常给普通听众，或者是没什么科学背景的家人朋友们解释我到底在干些啥。我常常发现很多不同背景的听众都会对"性审美"如何在自然界产生，为什么实验室里的实验能告诉我们"性审美"如何进化这类的问题感兴趣。我写这本书的目的就是将这些关于性审美的故事，有些是我自己的研究，大部分是别人的研究成果，分享给范围更广的读者。

　　我欠了很多人一大笔需要感谢的债。Marc Hauser 是最先建议我写这本书的人，并在我准备这本书的每个阶段都提供了严格又具建设性的意见。在柏林高等研究院当研究员期间我有机会规划了这本书，并从 Karin Akre，Robert Trivers，Idelle Cooper，Doug Emlen，我在 William Morris Enterprise 的经纪人 Eric Lupfer，还有普林斯顿大学出版社的编辑 Alison Kalett 那里的反馈中获益匪浅。Marc Hauser 和 Idelle Cooper 读了整本书，Alison Kalett 和 Karin Akre 也是，并且提了一些具体的意见。

　　在写这本书的后期，我出了一个严重的车祸，这使我脊柱受损并坐上了轮椅。如果没有 St. David's Rehabilitation Hospital 和得克萨斯州奥斯汀 Rehab Without Walls 专业细致的照顾，我绝对没有能力完成这本书。我对这两个机构中工作人员的感谢会一直延续到我生命的尽头，那里已经是我的第二个家了。在医院的这段时间，我收到了来自以下各位对本书的各种各样的支持和帮助：Emma Ryan, Lucy Ryan, Marsha Berkman, Sofia Rodriguez, Idelle Cooper, Mirjam Amcoff, Fernando Mateos-Gonzalos, Karin Akre, Rachel Page, Caitlin Friesen, Tracy Burkhart, David Cannatella, May Dixon, Claire Hemingway, Ryan Taylor, and Kim Hunter. 他们都是我生命中最特别的人。

本书中涉及的我的研究是由 National Science Foundation, the Smithsonian Institution, 和得克萨斯大学的经费支持的。我由衷地感谢这些机构。

目录

第一章

为什么会有千奇百怪的性

我投向孔雀尾羽的每一眼，都让我感到反胃！

——查尔斯·达尔文

  大自然往往直指要害。就先拿睡觉举个例子吧，当我准备上床睡觉时，只需要拉起被子将自己裹住，把头放在枕头上，就可以立刻驶向梦乡。我不需要在睡觉前像祭奠神灵一样跳舞、唱歌、吟诵，或是喷香水。跟大多数动物一样，我一旦想睡觉，就能马上睡着。吃饭也是一样。当一只吼猴发现一片可以吃的树叶时，它就会将它摘下来吃掉，而苍鹭一仰脖子，就可以吞下刚从水里抓来的那条鱼。猎豹呢，也绝不会在开始享用它刚刚放倒的羚羊前跳个舞以兹庆祝——尽管为了这个猎物，它刚刚跑了每小时120千米的个人最佳速度。诚然，在我们人类这个物种中，"吃饭"有时被赋予更大的意义，特别是当一顿饭与某个特殊事件的发生时间恰好重合的时候。但在大部分的时间里，我们与吼猴、苍鹭和猎豹没什么不一样。吃饭就是咬一口食物，好好地嚼一嚼，再咽下去，仅此而已。对于大多数的动物来说，这就是生命——顺顺利利地完成当下的这件事。

  而"性交"则不同：若只是抱着想"完成"的态度，对不起，这只能让你无功而返。在人类和其他大多数的动物中，在真正开始性行为之前，往往会有大量烦琐的"求偶仪式"。我们人类的求偶仪式中就充满了各种配件儿，比方说蜡烛和音乐、诗歌和鲜花，甚至专门去买的新衣服。人类为性交写的准备清单可以变得冗长无比，其他动物呢，在求偶仪式的多样性上，也绝对是毫不逊色。动物们会唱歌跳舞，把自己弄得体香袭人，还会尽力展现自己独有的羽毛颜色，甚至有的动物会让自己变得闪闪发光。所有这些努力都是为了吸引配偶。虽然在求爱行为上，人类可用高超的语言和科技把自己与其他动物区别开来，但实际上所有的动物都在性诱惑和性策略上进化出了壮观甚至是淫秽的形态和行为。这一切都是为了成功发生性交。蝴蝶和鱼的颜色，昆虫和鸟类的歌声，飞蛾、哺乳动物性交之前的特殊体味，这些都是为帮助性交进化而来的。我们人类的许多特征也是如此。如果人群里有一位特别漂亮的小姐儿，那只能让其他女人不由自主地开始嫉妒，而让男人们突然变得气喘吁吁。进化出这种"性审美"并不是让它的拥有者能够活得更长一些，而是让他们能够更多地交配、更多地繁殖，从而产生更多的下一代。

在所有两性繁殖的动物中，性审美无处不在，我们人类追求这样的美，并愿意付出代价。我们也会评价其他人是否拥有这样的性审美，甚至会对拥有它的人更好一些。动物和人都会在周遭这些评价他们性感与否的旁观者面前竭尽所能。雄孔雀进化形成壮观的大尾巴能引发雌孔雀的骚动，鱼儿们喜欢展示鲜艳的颜色以吸引潜在伴侣，蟋蟀喜欢对它的伴侣唧唧喳喳地讲些惹人怜的情话，而蜘蛛则会在自己织的大网上搔首弄姿，把自己织的网震得地动山摇。与这些动物相比，我们人类更擅长用更积极的方法来给自己设计性审美。香水、时尚、汽车甚至音乐，都被用来让自己更美一些，这些东西就像外科医生的手术刀和大药典一样无所不能。但是，无论是通过艰难缓慢的进化，还是直接钻研设计让自己变得更加性感，人们都应该至少明确知道什么才是美。

这本书是关于性感之美的，关于它从何而来，以及为何存在。

当然，已经有很多人书写赞叹过大自然的鬼斧神工以及野生动物中迷人的交配行为。但这些书里通常喜欢用浓墨重彩来描述雄性那些美丽特征的细节：雄孔雀长长的尾巴有何功用？雄孔雀鱼需要吃多少类胡萝卜素才能呈现如此鲜亮的橙色？一只鸣禽要一口气唱出多少个音节才能让它听上去更加性感？这些都是有趣的问题，却仅仅代表了性审美这个等式中的一边，因为它们忽视了评判者脑中发生的事情。这样的研究往往假设雌性的大脑一定是进化出了一套工具用来评判美，而事实则恰恰相反。在长期的进化过程中，大脑对整个外部世界都产生了独特的看法，而不仅仅是存在于性的范围内，这种"独特的眼光"是可以用许多神经生物学的知识来计算和解释的。我认为，大脑不是进化为可以"评判"美，而是"决定"什么是美的关键因素。正是因为大脑能产生很多不同的"限制"和"意外"，从而使整个动物界的"性审美"产生了惊人的多样性。我将在这本书中告诉大家，如果想要解释什么是美，我们首先需要了解那颗感受美的大脑。

我会用动物的大脑如何审性感之美的细节来扩大我们对性审美的理解，这种审美又反过来推动了这个物种向更美的方面进化。具体而言，我认为美的存在只是因为它能讨好旁观者的眼睛、耳朵或鼻子。用个更通俗的说法，美存在于旁观者的大脑之中。大脑的一些神经回路已经进化为能感应性审美的感受器，并对其产生相应的反应，有助于这些动物找到一个好伴侣。但除了性之外，大脑还装载着许多其他的东西。大脑还有其他的适应性，可能会对大脑如何定义美产生意想不到却又十分重要的结果，比如帮助一只动物找到食物却避免自己成为猎物，或者辨别自己与父母之间的差异，等等。只有当我们理解性美学的生物学基础之后，才能理解性美学是如何推动性审美的进化的。

我研究了一种地处中美洲的、表皮麻麻癞癞的小型蛙类的性行为[1]。40年间，这项研究工作不仅让我对动物界中多种多样的性行为大开眼界，而且还找到了一个能统一解释它们的理论：感观利用。这个想法的关键点很简单：远在那些雄性魅力四射的性特征进化形成之前，雌性大脑中的某些特征就已经存在了。所以，雌性才是这场生物木偶戏的表演者，是她们让雄性玩偶们正确地唱出了自己大脑中的音乐。尽管我会讲述众多雄性评判雌性漂亮与否的例子，以及两性之间相互展示和评判美的例子，但美确实是存在于旁观者的大脑中的，在大多数情况下，这意味着的是雌性的大脑。这种简单的想法促成了性选择研究领域的范式转变，让"性大脑"作为进化驱动力的重要性终于得到了承认。

在本章中，我将先介绍一些有关科学家如何开始了解美的进化过程的一些背景知识，再解释通常是哪种性别，以及为什么是他（她）们，会进化出这种美。在下一章中，我将重点讨论那个全身"麻癞"的蛙，它一直是我科学头脑的焦点。我会用它作为例子来展示科学家是如何真正了解大脑和交配行为之间的相关性。第三章通过探讨感觉系统的进化和感觉信息的认知和处理来说明大脑是如何定义美的。第四章到第六章讲述了整个动物界的视觉、听觉和嗅觉美。第七章讲述了关于美感变化无常这个说法的生物学基础。而在第八章中，我会讲述有些美感是怎样一直被隐藏直到被合适的人发掘出来才大放异彩的。这种逻辑可以被扩大到解释从时装业到色情业的各类企业是如何利用这些隐藏偏好的。在结语中，我用评论美的生物学基础作为本书的完结。

我们在寻找这些关于美的答案时，会到一些科学家曾经研究过的世界上最具震撼之美的动物的居住地去，探索大自然。我们将探索性审美为什么需要进化，再用神经科学的新发现去解释大脑是如何感知美的。动物和人类之间的类比也许会让我们重新审视自己的性审美学。与许多其他生物学知识一样，从查尔斯·达尔文开始介绍性审美再恰当不过了。而我跟达尔文不一样的地方将是达尔文也不知道的领域：大脑。

* * *

查尔斯·达尔文的自然选择进化理论，对我们看待人类在宇宙中地位的影响，怎么估计都不为过。这是人类最重要的智力成就之一，与哥白尼的天体运动理论、牛顿的物理定律和爱因斯坦的相对论并驾齐驱。他的《物种起源》几天之内就卖光了，后来的版本持续畅销数十年。直到现在，它仍然是世界上被引用次数最多的书籍之一[2]。

自然选择理论最让人惊叹的是其卓越的简约性。我们可以将其分解成三个原则，第一个来自托马斯·马尔萨斯（Thomas Malthus）的《人口学原理》，即人口的繁殖速度是超过周围资源的供应速度的——并非所有的后代都能存活下来再次进行繁殖[3]。想象一下，有一对苍蝇通过纱窗上拉的一个小口子潜入你家，它俩能在一个月的短暂生命里繁殖出500个后代来。如果它们所有的后代和这些后代未来的后代们都能存活下来，6个月后你将会被淹没在大约两万亿只苍蝇里。它们的总重量超过2500吨，能盖过1000平方英里（约等于2600平方千米），接近卢森堡的大小。谢天谢地的是，这并没有发生，因为大多数苍蝇都死了，只有极少数幸运儿活了下来。

第二个原则是，生存选择并不总是随机发生的。其中一些幸存者仅仅是因为它们运气好——例如，那些在你挥舞着苍蝇拍时恰好不在的苍蝇们。但其他生存下来的苍蝇是因为它们"更优秀"，拥有一些可以逃避你挥舞着的苍蝇拍的特性，所以才生存下来并且开始繁殖。比如说，它们也许对苍蝇拍挥出的阵阵轻风更加敏感，或者有更发达的帮助飞行的肌肉，让它们得以在被拍到的瞬间逃出你的魔掌。不论怎样，这些苍蝇活了下来。它们会继续留在生命之岛上，或者至少留在你的房子里。

第三个原则是，如果使之生存的不同特征具有可遗传性，那这些特征将被有区别地传递给下一代。例如，如果幸存的苍蝇拥有更发达的飞行肌肉的基因，那么它们的后代也将如此。这些后代将会组成新一代的苍蝇，它们飞得更快，更长寿，繁殖得更多。这就是经过"自然选择"进化出拥有更强生存能力之特征的原因。嗯，是时候补补你那扇拉了个小口子的纱窗了。

达尔文，连同阿尔弗雷德·华莱士（Alfred Wallace），在提出"自然选择"这套理论时，从来都没说过它能解释一切——他们从未想过每个生命的每个特征都是用来适应生存的[4]。达尔文意识到不论是在动物界还是人类里，都有着影响力更加巨大的力量——文化。同时，达尔文也了解生物界的特征是可以有不同变种存在的，也就是说同一性状的不同形式可以在一个小群体中稳定下来。但有一点他没弄明白，至少不是当时就一目了然的：孔雀的尾巴。这甚至让他有些惊慌失措。他写信给植物学家阿萨·格雷（Asa Gray）说，这让他感到反胃。我们知道，达尔文经常生病，并且有些抑郁症的倾向，但是对于这么一个漂亮又壮观的东西产生如此大的不良反应，似乎有些极端[5]。对于性审美这个科研课题来说，雄孔雀的尾巴是个吉祥物，但对达尔文来说，则是一个严酷的提刑官，时刻拷问着为什么他的理论解释不了这个现象。最终，这促使达尔文找到了一个新的理论来对自然选择理论加以补充，他称之为"性选择"理论[6]。

* * *

雄孔雀是一种高贵又漂亮的怪物。他用尾部竖起的，展开后超过180°的扇形羽毛，来向他的雌性同伴求爱。他有200根长达4英尺（约1.2米）的羽毛，上面有着眼状的斑点，色彩斑斓，在阳光下闪闪发光。雄孔雀一旦竖起尾羽，就会晃动身体，发出响声，同时翻卷羽毛，让它们像发动机一样嗡嗡作响，而这时，羽毛上的眼睛也会随之振动，整个儿就像催眠法术一般。所有的这些漂亮景象都是为了能更好地服务于性而进化来的。雌孔雀拥有选择它们交配对象的权力，所以雄孔雀进化形成性感之美，让自己在交配市场中更好地竞争。这里只有漂亮性感的雄孔雀才能将自己的基因传递下去。

一只正在展示它漂亮大尾巴的雄孔雀，对我们和雌孔雀来说都壮观得让人叹气。但你见过雄孔雀奔跑或者飞翔吗？那真是太可怜了！有那么长一条尾巴拖在身后，雄孔雀甚至不能跑过一个孩子，就更别说狐狸了，不仅如此，它几乎完全飞不起来。如果达尔文关于适应性是通过淘汰弱者来自然选择这个说法是正确的话，那这种怪物是从何而来，不是应该很早以前就被淘汰了吗？这就是为什么一根羽毛能让一颗科学史上最伟大的大脑之一感到如此痛苦的原因。幸亏这仅仅是一个精神上而不是身体上的折磨。雄孔雀的尾巴对自然选择理论提出了重大挑战，于是达尔文开始研究能不能用另一种理论来解释为什么它会进化成这般模样。

　　雄孔雀的尾巴并不是达尔文生存进化论这个算式的唯一挑战者，它只是冰山一角。在《物种起源》发表后的第十二年，达尔文在第二本著作《人类的由来》中指出，不仅仅是孔雀，许多动物都拥有与自然选择过程相悖的特征。我们人类也会被其中的很多特征迷倒，与此同时，这些特征又似乎对动物的生存没有益处。夜空下的萤火虫会在草地上滑行时闪闪发光，蟋蟀能在仲夏夜里嘤嘤地叫上几个小时，珊瑚鱼的鲜艳颜色永远吸引着我们的目光，蛤蟆合唱团总是乐于告诉大家春天的到来，金丝雀已经用歌声吸引配偶上千年，甚至吸引人类也有几百年之久了，园丁鸟则用极大的创造力来装饰和绘制它们的闺房，有位研究者评论说这些作品甚至可以媲美马蒂斯①，而爱尔兰麋鹿由于顶着88磅（1磅约为0.45千克）重的鹿角，所以需要从食物中摄取极高的钙量，而这最终可能导致这个物

---

① Matisse，20世纪初野兽派印象主义的代表人物。——译者注

种的灭绝[8]。我们人类更是不会限制自己的性审美，我们每年投资数十亿美元在改变肤色、香水和修剪体毛上，希望让我们变得更具性吸引力。这些东西里没有一个与提高生存率有任何的关系。

这些非生存相关的特征也有一些共同点。这些特征大多在雄性中比在雌性中要更发达一些，而且通常是表现在性交或者是在追求性伴侣的过程中。最后，就像最初让达尔文百思不得其解一样，这些特征中很多都不利于生存。达尔文称这些特征为第二性征，因为它们在不同性别中是不一样的，却都与繁殖有关（尽管不是必需的）。而想要解释这些特征如何被进化出来需要一些额外的理论。

人工选择为这些鲜明性特征的进化提供了一些极富启发性的例子，这可能是人类自控制火种以来最重要的发明之一。达尔文则使用人工选择类比自然选择。在人工选择中，人类是"选择"的推动者。我们决定了选择哪些特征作为目标和进化的终点。通常，我们会选择一些有利于完成我们目标的特征，比如农作物的抗病性和牛肉的高产量等。但我们也会培育一些宠物来满足我们对美感的追求。比如鱼类爱好者会培育一些颜色鲜艳的家养鱼，甚至借助外来基因让它们在黑暗中闪闪发光，还有我们都非常熟悉的人工培育的各种宠物犬，它们都很可爱，而谈不上有什么功能性。

达尔文从人工选择中感受到的直觉认为，如果雌性动物也有自己的一套美学标准，那她们就也能通过选择来增强自己物种的美丽程度。如果雌金丝雀被更婉转的雄金丝雀的歌声吸引，那么拥有婉转歌声的雄金丝雀就会产生更多的后代，并且随着时间的推移，金丝雀的歌声就会变得更加婉转动听。如果雌孔雀觉得长羽毛比较漂亮，她们会选择与羽毛较长的雄孔雀交配，结果当然是这些长羽毛的雄孔雀会拥有更多后代。最后，即使长尾巴让雄性更易被捕食，后代也还是会有更长的尾巴。而一个短羽毛的孔雀由于不能吸引雌孔雀来与之交配，那么，就算他能跑过任何狐狸，并且超级长寿，也没法将他的基因传给任何一个后代。达尔文意识到他能够用跟自然选择相同的逻辑来建立"性选择"理论。

生存是存在于性之后的，它仅仅是为了让动物活着，以便在性市场上有所动作。性选择的本质在于，那些能增加动物交配成功率的外表特征即使有些妨碍其生存概率，但只要不是太夸张，带给交配的好处大于它们给生存带来的坏处就行。尽管大多数物种的雄性和雌性数量相同，但并不是每个动物都有机会去交配。在许多物种中，有些雄性的交配次数远超过他们应有的公平配额，而其他大多数雄性一直到死都是"处女"。一个个体能否交配成功取决于他在潜在配偶中的性吸引力如何。更长尾巴的孔雀、叫声变化更大的蛙、更具性感气味的果蝇，他们都更容易被雌性同伴选为配偶。与很多为生存而生的特征一样，当性审美具有遗传基础时，就会一代代地传下来，让雄性进化形成更加诱人的外表。

当达尔文将他的两个伟大理论，自然选择和性选择结合在一起时，终于成功解释了生物多样性——许多别开生面的特征会进化形成出来是因为它们能吸引更多的配偶。当然，用自己的性吸引力吸引雌性并不是增加交配机会的唯一途径，把竞争对象打败也是有效的办法。这本书主要关注性选择如何引导性审美的进化，但我也应该提到，性选择也可能会导致为交配竞争服务的性武器的进化。道格·埃梅伦（Doug Emlen）在他的《动物武器：战争的进化》[9]一书中详细阐述了性选择这个硬币的另外一面。现在，让我们先前往中美洲的云雾森林中，回到手头的这个主题——性审美。并且着重思考两种性别是如何产生这种现象的。

* * *

让我们先想想看哪种鸟被认为是世界上最美丽的鸟儿。在中美洲云雾缭绕的森林里，观鸟爱好者从世界各地赶来，只为一睹咬鹃，至少是雄咬鹃的芳容。当我第一次在巴拿马西部的山区，拿着双筒望远镜，透过树冠上的雾看到一只雄咬鹃时，我几乎无法稳住自己拿着双筒望远镜的不停颤抖的双手。这只雄凤尾绿咬鹃有一个浅绿色的身体和鲜红的胸部，头上顶着蓝得发亮的鸟冠。而这都不算什么，让我颤抖个不停的是它那闪闪发光的长达两英尺（约60厘米）的尾巴。它栖息在我们头顶高耸入云的森林树冠中，看起来更像是一只墨西哥皮纳塔①，而不是一只真正的动物。与此同时，我还看到了一个雌性的凤尾绿咬鹃。它没有雄咬鹃的所有花哨装饰，我几乎没有再多看一眼。

虽然雄性和雌性咬鹃羽毛之间的差异已经大得不可能更大了，它们之间却存在着比漂亮羽毛更加深刻的差异。那是位于它们体内

---

① 一种纸糊的颜色鲜艳的容器，其内装满玩具与糖果，于节庆或生日宴会上悬挂起来，让人用棍棒打击。——译者注

的配子，一种载有动物DNA的细胞，当与配偶的配子融合时，会诞生一个新个体，延续生命周期。雄性的配子，称作精子，是它体内最小的细胞，数目众多。而雌性的配子，卵子，则是它体内最大的细胞，数量很少。动物所产生的配子的大小区别决定了动物的性别，雄性或是雌性。剩下的一切，甚至是暴露在外的性器官，都无关紧要。

在人类和其他动物中，你通常可以通过识别性器官来识别其性别。产生小配子的雄性，通常有阴茎，而产生大配子的雌性，通常有阴道。人类的自我性别认同同时取决于文化和生物两个因素。例如，大脑的发育：拥有雌性配子的人可能具有一颗雄性化的大脑。在人类中，"性（sex）"和"性别（gender）"是存在差异的，后者是经过文化再次塑造的结果。只有人类具有这种自我性别认同，这个话题我会在之后再次提到。但即使对动物界的其他成员来说，性器官也并不总是能正确地表明个体的性别，这使得关注配子对识别动物的"生物性别"至关重要。

我这儿有一个只从性器官入手，容易发生性别错判的例子。啮虫目的树虱是一种小型的昆虫，大小跟跳蚤差不多，喜欢在树皮下找藻类和地衣吃。还有一些被称为书虱，以装订书籍的书胶为食。最古怪的不为人所熟知的一个物种存在于巴西的一些洞穴中，以蝙蝠粪为生。但它们的饮食并不是让它们变得有趣的一个原因，这种虱子中的雌性有阴茎，而雄性拥有阴道[10]。

这种虱子中的雌性跟大多数使用阴茎的动物一样，在交配时插入异性的阴道。但与典型的雄性阴茎不同，这种雌虱子的阴茎不会射出精子。它可以深入雄性内部，然后扩张，将阴茎上的倒钩锚定在雄性的阴道壁上，这样能持续交配超过40小时。阴茎上的倒钩在雄性阴道里的作用力之强，以至于一次一个研究员试图将它们分开时，雄虱子被撕成了两半。在这个马拉松式的交配期间，雌虱子的阴茎将大量精子吸入自己体内，最终让自己的卵子与之相遇受精。尽管它们的性器官发生了这种角色逆转，但它们的性别是毫无疑问的。从定义上讲，雄性之所以是雄性，是因为它们具有较小的配子，而雌性之所以为雌性，是因为它们具有较大的配子。当给非人类的动物进行性别鉴定时，一切都归于精子和卵子，它们的大小差异是两性之间所有其他差异的根源，也是为什么会有性选择的原因。为了理解包括性审美在内的性别差异的进化，我们还需要了解为什么这种配子大小的差异这么重要。

让我们详细解释一下配子大小与进化出性审美相关的原因。人类卵子的体积比精子大十万倍[11]。如果某个人的配子较小，则有机会制造出更多的配子。一个女人在她一生中只产生大约450个成熟的卵子，而一个男人在他的一生中可以产生大约5000亿个精子。由于受精过程只需要一个精子和一个卵子，卵子是稀缺的受限资源。另外，一旦一个雌性动物有卵子受精，可能需要数周甚至数月的时间才能让另一批卵子成熟。而雄性在数小时内就能重新补足他的精子库。在很多物种中，一个雌性一旦有卵子受精，她就会在这个交配游戏中出局。她会精心培育自己体内的胚胎——小孔雀鱼需要一个月，小婴儿需要九个月，大象则几乎需要两年的时间。当一个雌性与她的胚胎紧密绑在一起时，一个雄性却可以继续交配。与性角色反转的啮虫目虱子一样，性选择的模式也可能有例外。例如，雄性海马会怀孕，而在一种热带涉水鸟水雉（jacana）中，雄性喜欢在鸟巢内孵育胚胎，而雌性则外出与更多的雄性交配，用更多的蛋来"装饰"自己的鸟巢。这里要注意的是，这些例子不是普世规则的例外，而是会证明普世规则，我们将在后面讨论到。现在先来看看这个规则是什么。这个普世规则是，在大多数的交配系统中，在任何一个时间点都有过多的雄性正在准备交配。这个失衡的性市场产生的结果是，太多的雄性需要去竞争数量较少的雌性，性市场中永远拥有大量充足的求爱者以及数量极其有限的选择者。所有这些都是因为精子比卵子小。那么雄性如何让他的精子有更多的机会让雌性的卵子受精呢？他如何赢得性市场中的这场战争呢？

在某些情况下，雄性能够控制一些雌性想要和必须要的资源，这也使得雄性更具魅力。他们可以占领有食物的区域，比如说筑巢地和暂时躲避捕食者的避难所，所有这些对于想要交配的雌性来说都很重要。之后，雌性可以像逛街一样比较不同雄性所占有的资源，并选择对她最具吸引力的那一个来交配。当然，世上没有免费的午餐，雄性为得到这些资源必须战斗，有时甚至是相当惨烈的战斗。雄性在这些斗争中使用各式各样的武器，强壮的身躯以及各种牙齿、利爪和角。他们所努力捍卫的资源也可能是多种多样的，但所有这些都对繁殖至关重要。例如，雄性豆娘①用雌性同类下卵需要的浮萍来给自己的领地画界并牢牢守护，雄性招潮蟹誓死捍卫自己用来当避难所以及交配空间的地洞，肯尼亚的齐普斯基人，以及

---

① 也叫灯心蜻蛉，一种颜色鲜艳的食肉昆虫。——译者注

许多来自其他社会的人们善于积累各种形式的财富，以招募女性进行交配。优胜者不言自明：拥有优越资源的雄性更有可能被选中交配。

尽管积累并保护自己的资源是动物得以增强其性吸引力的一种手段，但大部分雌性动物进行性选择的动力来自于雄性的外貌。令人啧啧称奇的雄孔雀只是一个开始。我已经讨论了咬鹃的尾巴和金丝雀的歌声，在本书中，我们还将仔细讨论以增强性审美为目的的各种令人难以置信的动物特征。

到目前为止，我们已经解释了自然选择和性选择是如何作为科学理论而存在的原因，为什么性选择通常会影响雄性特征，以及性选择是如何导致动物外观的进化的。我认为，要理解动物的美，我们必须了解能够欣赏这种美的大脑，但我至此还没有详细说明我们如何探索美和大脑之间的这种联系。现在我将重点关注一个物种，这个物种带领我走进了这一领域，并引领我开始探索性审美学的神经基础原理。这个关于性选择的令人信服的例子来自一种蛙叫的进化过程。这种蛙有着最朴实无华的外表，却同时拥有最无畏的叫声。在下一章中，我们将仔细研究雌蛙的性审美是如何推动雄蛙进化形成一种异常动听却有些危险的叫声。我们将深入研究雌蛙大脑的功能以及进化史，以揭示它为何断定这只雄蛙的歌声如此动人。

第二章

"呜呜"和"咔咔"又是为何

蛙先生去求爱……他问"鼠小姐，你愿意嫁给我吗？"

——老英国民谣①

这本是一场万众期待的纵欲狂欢。当然，这种狂欢通常都没有足够的女孩儿参加，所以期待狂欢的男孩儿们只能去费力抢夺那少有的女性资源。说是"抢夺"，这场比赛中却不涉及肌肉的比拼——没有跑步、摔跤或是拳击。这是一场歌唱选秀，胜出的男性拥有最美的歌声。男孩儿们首先开始唱歌，然后他们的声音越来越大，直到这首唱给女性的咏叹调里的音符越来越多，音色越来越丰富多变。而这所有的一切都是为了性。

我对性审美的强烈兴趣开始于连接西半球两大洲的一片土地。在地质史的时间线上，至少一直到最近，南北美洲间都还一直有一个缺口，大西洋和太平洋还可以同时从这里流过。这就是巴拿马现在的位置，这个缺口使来自两个大洋的动物可以自由交配繁殖，却切断了陆地生物之间的交流，使南北美洲的陆地生物能够在隔离状态下各自进化[1]。这种隔离的状况并没有持续太久。大约在三百万年前，太平洋和加勒比板块相互靠拢，两个大陆相撞，巴拿马陆桥形成了。南北大陆的结合被认为是过去六千万年来最为重要的地质事件，跟小行星撞向地球导致世界范围的大规模动物灭绝的事件一样。被大陆切断的两个海洋，改变了它们的洋流方向，导致了气候的急剧变化。北美洲和南美洲的结合最为显著的结果是给北美洲的小型哺乳动物提供了一条通道，它们侵入南美洲，摧毁了南美洲哺

---

① 这首民谣由于曾经出现在"猫和老鼠"动画片中而被大众所熟知。——译者注

乳动物群里曾经难以置信的多样性，包括与大象体形相当的巨型树懒。

巴拿马陆桥也给人类带来了不方便。它使得在北美洲东西海岸之间航行变得十分困难。比如说想从纽约乘船到旧金山，船只必须绕过距离南极近600英里（约966千米）的火地群岛顶端。我们的解决方案是重新切开巴拿马陆桥，用连接大西洋和太平洋的运河再次把北美洲和南美洲分开。

巴拿马运河的历史十分有趣，其中一部分还对热带生物学产生了重要影响[2]。在亚历山大·冯·洪堡（Alexander Von Humboldt）的敦促下，西班牙政府于19世纪中期开始规划运河的建造。1881年，法国人开始了这个项目，但由于一些建造上的问题，还有许多工人因黄热病和疟疾死亡，法国于1903年将这个项目交给了美国。然而，巴拿马地峡是哥伦比亚的一部分，哥伦比亚人又不愿美国人在自己的国家里对运河的建造指手画脚。最后，美国总统罗斯福利用美国后来对拉丁美洲的惯用手段——炮舰外交——帮助巴拿马的军人最终从哥伦比亚手里获得了独立[1]。美国人最终在十年后完成了运河建造，并据为己有。巴拿马地峡80千米的水上交通运输开通后，纽约到旧金山的水上航程减少了一半以上，从14000英里减少到5000英里（1英里约为1.6千米）。现在巴拿马运河属于巴拿马，过去一个世纪中，一千英尺（1英尺约为0.305米）的"大巴拿马号"船舶频繁通过运河，如今，运河经扩大可以容纳比前者更大的船只。

---

① 炮舰外交：指强权通过展示自身武力，迫使他国接受其要求的外交政策。——译者注

这些与性审美又有什么关系呢？巴拿马运河的中心部分是加通湖，它是1913年查格雷斯河（Chagres）被大坝拦截时形成的。当时河流水位升高，当地的小山包们都变成了只露出山顶的岛屿。其中的一个——巴罗科罗拉多岛（Barro Colorado Island, 以下简称BC岛）——在1923年成为自然保护区，并最终成为当时新组建的史密森热带研究所（Smithsonian Tropical Research Institute, 以下简称热带所）的一颗瑰宝。今天，BC岛是世界上研究得最为透彻的热带生态系统之一。其最为著名的两种常住居民是南美泡蟾〔túngara，一种无尾目动物（蛙类）〕和吃蛙的蝙蝠。

　　1978年夏天，我在巴拿马城的巴尔沃亚（Balboa）车站登上了巴拿马铁路的火车，汗流浃背却激动万分。我迫不及待地想到达BC岛。那时，火车是通行在两大洋之间的首选交通方式。主要运输的是巴拿马商人和美军——巴拿马运河彼时仍属美国管辖。旅客名单中还包括一群不修边幅甚至有些蓬头垢面的科学家们，大多数是20多岁的研究生，还有年岁稍长，却同样邋遢的热带所研究人员。我们在那些穿着Buayaberas（瓜亚贝拉古巴领衬衫）、精心打扮过的商人和一丝不苟地抓着M16自动步枪的美国大兵之间，是显得那样的格格不入。

　　火车在两个海岸中间停下，让我们这些科学家们在一个叫作福里荷拉斯（Frijoles）的小站下车。这个小站只有一个小小的水泥长凳和一个锡板制的雨遮。根据季节的不同，它可以用来挡炙热的太阳或者下得没完没了的大雨。这里丝毫没有人类定居的迹象。最后，终于来了一艘小船，将我们运到BC岛。当我第一次看到这个岛的时候，我就知道它会永远改变我的生活，尽管彼时的我还不知道我的这个探索之旅会行多远，至何方。而在那个当下，从那艘小船上看过去，BC岛是那样的安祥、平静，让人心安。

从远处眺望过去，BC岛像是一幅用绿色窗帘包裹着的风光画，和谐而有禅意。近处则有金风铃树上挂着的颜色鲜亮的黄花，掩映在如水般流动着的绿色华盖中。我第一次开始试图了解BC岛的时候，就看见一只巨嘴鸟在树顶鸣叫，随着叫声的节奏击打着它那超大号鸟喙。在此之前，我只在水果甜甜圈麦片的盒子和吉尼斯啤酒的广告上看过这些鸟。一群长达一米的绿色鬣蜥在沙子里挖它们的巢穴，还有跟我手掌差不多大的，闪着亮蓝光泽的闪蝶在一条小路上方飞舞。而我很快就意识到，夜晚的气氛更是让人感到愉悦，超过30种的蛙聚集在岛上，像合唱团一样为它们将要发生的性交歌唱。

然而，这些并不全是像表面看上去的那样和谐——第一印象有时候挺糊弄人。当我在BC岛的绿色帘布后面窥视岛上的"进化大戏"时，我看到的是"齿爪血淋淋的自然状态"[1]。寄生虫无处不在：肤蝇从吼猴的肉中钻出来，硕大的蜱虫戳进鬣蜥的皮肤里，携带疟疾的疟原虫在小蜥蜴的血管中游过，线虫则堵在蛙的肠子里。捕食者也到处都是：鸟儿们飞着捉捕那些颜色奇异瑰丽的闪蝶，蟒蛇把像小兔子一样的刺豚鼠不留情面地掐死然后开始享用大餐。大型假

---

[1] nature, red in tooth and claw, 来自英国诗人丁尼生的长诗 In Memoriam A.H.H 第 55 节，经常被拿来形容达尔文的"自然选择"理论。——译者注

吸血蝠——世界上最大的食肉蝙蝠，翼展一米——它可以突然袭击在森林地面上乱窜的啮齿目动物，然后将它一口囫囵塞进嘴里，再大声地咀嚼它们的骨头。还有人指给我看正在外捕食的行军蚁，它们可以摧毁自己"行军"路线上的任何小动物。相思树蚁则会猛烈地攻击任何一只敢接近它们食物的其他食草动物。夜间哭泣的浣熊——一群雌浣熊集结起来将雄性赶走的声音穿透了整个夜晚。BC岛远没有我想象中的那样平静。

我想，也许"性"会不一样——也许"她"会更仁慈，毕竟这是男女之间，求爱者和择偶者为了共同利益而努力的结果。到目前为止，我还几乎没有考虑过雄性和雌性之间可能发生的性冲突。我的目标是了解动物如何进化形成一些特征使自己更有异性吸引力，换句话说，如何让自己进化得更美以便能够更好地服务于性交。我的研究主角是一种棕色的小蛙，它们经常出没在泥潭里，巴拿马人称之为"东加拉"①。这种外表朴实无华的蛙能发出惊为天人的叫声，正是这叫声决定了雌蛙是否能被其吸引，然后与雄蛙交配。

20世纪60年代，热带所的科学家斯坦利·兰德（Stanley Rand）对南美泡蟾进行了短期研究。斯坦利·兰德是20世纪最伟大的热带生物学家之一，在之后的30年间，他成了我最亲密的同事、旅伴和最好的朋友，直到他2005年去世。那时，我曾写到，除了BC岛本身，兰德是热带所最有价值的资源³。没有任何人对此有异议。

---

① *túngara*，中文翻译多为南美泡蟾，本书用南美泡蟾。——译者注

我正是从南美泡蟾那里发现了"性审美"这个我毕生的兴趣所在。我试图了解这种美是如何在不同的声音、颜色和气味中反映出来的。它又是如何在人类以及其他动物中出现的？特别是为什么我们会认为有些人特别美？为什么人类和其他动物会有现在的性审美观？

* * *

在BC岛的第一天，我就发现了前一晚狂欢的证据。池塘边上漂浮着一堆堆的白色泡沫，这些泡沫就是头天晚上曾经放纵过的铁证。我告诫自己稍安勿躁。热带的夜晚很快就降临了，昆虫的歌声伴着夜猴喋喋不休的聊天声，填满了整个黑幕，只有一缕缕的月光偶尔穿过森林的树冠，合唱团的演出开始了。

男人和女人会使用各种手段和装备来吸引异性的关注：低沉的声音，短裙，紧致有型的体形，香水和古龙水，跑车，还有昂贵的手表。但是，当"青蛙先生"去"求爱"时，只有一件事能决定他的胜负："他"能唱什么样的歌。每当太阳落山时，青蛙先生们的思想，至少是"他们"的大脑和荷尔蒙，就统统地转向了性交。雄蛙这时就变成了歌唱机器。一只正在求交配的南美泡蟾可能会在一个晚上叫5000多次[4]。全世界约有6000种蛙类，它们中的大多数都拥有响亮而引人注目的为交配服务的叫声，最重要的是每个物种都有自己独特的声音。当我后来在巴拿马、亚马孙、佛罗里达或东非平原聆听至少10种蛙一起叫的大合唱时，我只需要做少许准备，就可以不用眼睛只通过耳朵识别每个物种。这些叫声到底有什么作用呢？

雄蛙的鸣叫是为了让雌蛙知道"他们"是谁，在哪，以及是否已经准备好了要开始交配。这些叫声不仅仅是为了通知雌蛙，更是为了说服、魅诱雌蛙。雄蛙不停地大声鸣唱着，并为这些鸣唱声加上华丽的花腔，这些行为经漫长的进化史证明对雌蛙有着强大的吸引力。一只雌蛙一旦来到这个合唱现场，就开始比较所有这些雄蛙的叫声，最终决定哪一个声音是"她"最喜欢的，哪只雄蛙最性感。是雌蛙的选择定义了这个物种的性审美。基于自己物种特有的性审美去选择和哪个异性交配，是贯穿整个动物界的共同主题。区别只是细节的不同而已。

南美泡蟾是一种只有3厘米长的小型动物。只要给雄泡蟾一些静水，无论是大池塘、小水坑、溢出的溪水，还是大型哺乳动物的脚印、人类居住区周围的沟渠，甚至是我实验室的小水族箱，"他们"就立刻开始叫个不停。或者说，在任何一平方米里，只要有1~10个雄泡蟾，"他们"会开始鸣叫。就像许多其他的雄蛙一样，一旦太阳下山，雄泡蟾合唱团就会集合，开始在繁殖地点鸣唱。这些雄性的叫声听上去似乎是来自一个老式的电子游戏，先是大约三分之一秒长的"呜呜"声，之后可以什么都没有，或者接着发出七段短的断断续续的"咔咔"声。我们将单纯的"呜呜"称为简单鸣叫，而将包含"呜呜"和"咔咔"的叫声称为复杂鸣叫。一会儿我们会仔细听听这些叫声。

泡蟾合唱团的舞台其实更像是一个性交易市场，而不是一个狂欢现场。从这个角度看，这个性交市场是雌泡蟾的天堂，因为是雄性在花枝招展地卖弄，而雌性是消费者。但是所谓卖弄，在整个过程中，雄泡蟾除了扯开嗓子叫唤，什么也不干，甚至连动都懒得动弹一下。当一位雌泡蟾来到合唱团的舞台准备交配时——我是说"她"是真的准备好要交配——在接下来的几个小时内"她"必须把活儿给干了，要不然"她"所有的卵子都会渗出来，没有一个能受精。这既是生殖投资的浪费，也是试图将基因传至下一代的失败。之后，"她"必须要再等6个星期，才能重新准备好一批需受精的卵子。但是，这种情况其实鲜少发生，因为雌泡蟾在繁殖地会被一群饥渴的、时刻准备好要交配的雄泡蟾所包围。而"她"呢，只需要选选就好。

雌泡蟾实际上会非常认真地选择"她"的伴侣。首先，"她"会挑选一只雄蛙，在"他"面前驻足，然后再转向其他竞争者，有时还会再回到"她"曾经犹豫过的那一位身旁。"她"仔细聆听他们的情话，也就是"他们"的"呜呜"和"咔咔"。最后当雌泡蟾决定开始交配时，"她"会慢慢地走向"她"选择的那只雄泡蟾，任由"他"将自己从上面紧紧地钩住。终于，"他们"此时在交配了，虽然看上去这个交配的机制与我们平常惯用的那些不太一样。

蛙是没有阴茎的，但雄蛙确实会将精子输送给雌蛙，只不过这个受精的过程发生在体外。当雄泡蟾将雌泡蟾从上面紧紧钩住时，雌泡蟾会将卵子挤进水中。这时雄泡蟾用后腿接住卵子，然后洒一些精子在上面。接下来雄泡蟾会用"蛋白脆饼"[①]为卵子筑一个巢。"他"首先用后腿当打蛋器，像打蛋一样搅拌两种配子和各种液体，

---

① meringue，蛋白脆饼看上去像一坨坨的泡沫。——译者注

搭一个精致的泡沫巢。泡沫巢不仅可以给受精卵防水，还能保护它们不被水中的蛋类捕食者吃掉。泡沫巢还可以使卵子保持湿润：若遇到一个短短的干燥期，比如泡蟾临时的"家"（小水塘）干涸了，受精卵也能继续生存下去。如果一切顺利的话，受精卵会在三天内被孵化成蝌蚪，再过三个星期左右，蝌蚪就会成为小蛙，这时它们自己也会开始进入性市场，或是去魅诱别人，或是被别人魅诱。

南美泡蟾的性生活是在我连续地观察了186个夜晚后才准确叙述出来的，从太阳落山开始一直观察到日出，这期间我们观察了超过1000只独立标记过的泡蟾（所以对每一只都了如指掌），记录雄泡蟾的声音，"他们"交配的频率，还有到底是何缘由让一只雌泡蟾只对一只特定的雄泡蟾感兴趣。对于最后一个问题，我的简短答案是，雌性总是选择与叫声里既有"呜呜"又有"咔咔"的大个子雄性交配。但是南美泡蟾到底是从何处获得"他们"这种性审美的呢？又为什么有些雄性的叫声被认为比其他雄性更有吸引力呢？想要回答最后一个问题并不容易。

如果你认为一个人美，那么他/她就美——在这个问题上你是美的判断者。性审美是由个体特征、感觉系统，还有感知这些感觉的大脑之间相互作用产生的。我觉得蒙娜丽莎漂亮，但你也许并不这么认为。我们都在同一个画框内看到相同颜色的排列组合，但我们处理它们的方式却不一样。请记住，美是存在于旁观者的大脑中的。所以为什么雌泡蟾会响应雄泡蟾的召唤，并且特别对"咔咔"这种召唤把持不住呢？

我可以花一辈子的时间来观察巴拿马水坑里的泡蟾，却除了知道雌泡蟾对"咔咔"叫声的强烈喜好之外一无所获。我们究竟怎样才能窥探到雌性大脑的运作过程，了解雌性是如何进行性审美的，最终揭示雄性鸣叫是如何在雌蛙耳中变得魂牵梦绕的呢？一些精心设计的实验可以像外科医生的手术刀解剖雌性的大脑那样，让我们得以了解雌性性审美的标准和细节。

我的研究小组先在巴拿马的南美泡蟾繁殖地采集雌性南美泡蟾，然后带回美国的实验室中。我们在隔音房间里将泡蟾放入两个音箱中央的小漏斗中，再在两个音箱中分别播放不同的泡蟾鸣叫声。这叫声可能是真实的雄性泡蟾的鸣叫声或者是我们自己合成的鸣叫声。有一个我们最先做的实验是这样的：我们在两个音箱中分别给一只雌泡蟾两个声音，一个是简单的"呜呜"声，另一个声音复合了"呜呜"和"咔咔"的复杂鸣叫。这两个音箱交替播放，每两秒响一次。实验进行时，关上房间门，通过红外摄像头，我们就能从外面观察到雌泡蟾的反应。这时如果我们用遥控系统抬起漏斗，雌泡蟾就可以活动了，"她"会用跳到某个音箱前这个动作告诉我们"她"更喜欢哪个声音。值得一提的是，这时雌泡蟾必须要跳一米才能接触到音箱，如果是在我们的世界里，差不多等于走80米。而雌泡蟾接触正在鸣叫的雄泡蟾的唯一原因就是希望选择"他"作为性伴侣。因为这个实验测量的是雌泡蟾如何朝声音移动，这个简单的实验又被称为"趋声性实验"，能让我们详细地剖析雌性的性审美。

雄性南美泡蟾并不一定需要"咔咔"声来吸引雌性。如果把雌泡蟾放在一个只发出"呜呜"声音的隔音室里，只需要一声简单的

"呜呜"就足够让"她们"去靠近那只音箱了，只不过这样简单的叫声在竞争激烈的性市场中是决然不够的。那么，"咔咔"声到底是什么意思？单纯的"咔咔"叫声其实并没什么用。如果我们在一个音箱里只播放"咔咔"声，雌泡蟾干脆就会对它置之不理。但"咔咔"声远非毫无价值，它只是需要出现在一个正确的语境中。而这种"语境"，正是"呜呜"。如果我们同时在音箱中进行一场两种叫声的角逐——一种是简单的"呜呜"，一种是复杂的"呜呜咔咔"——这时雌泡蟾走向"呜呜咔咔"音箱的次数要比走向只发出简单"呜呜"音箱的次数多5倍。"咔咔"声有着非凡的诱发性冲动的能力。虽然它只增加了10%的鸣叫时间和能量，却将雄性的吸引力提高了500%。想想看，在我们人类的世界里，能不能找到这样便宜又强大的方法来提高自己的颜值。如果你能想到一个，就赶紧去申请专利吧！

　　除了选择会"咔咔"叫的雄性外，雌泡蟾通常也会选择较大的雄性来交配。在伸手不见五指的黑夜里，雌泡蟾是如何判断雄性大小的？雄泡蟾的叫声似乎是一个比较明显的候选项，也许雌性可以靠叫声判断出谁更大个儿一些？大多数动物的发声系统中，鸣叫声的频率或者说音高与身体大小之间存在着某种联系。这是由生物物理学决定的。大个儿的动物通常也拥有较大的发声器官——比方说蛙和哺乳动物的喉头，蟋蟀的锉和棘[1]，还有鸟类的鸣管——当器官较大时，它们会以较低的频率振动。人类也是如此。西尔维斯

---

[1] 蟋蟀利用翅膀发声，一只翅膀有一个像锉样的短刺，另一只有刀一样的硬棘。左右两翅一张一合，相互摩擦，振动翅膀就可以发出叫声。——译者注

特·史泰龙（Sylvester Stallone）和詹姆斯·厄尔·琼斯（James Earl Jones）的那些低沉、磁性有共鸣的声音并不是身材矮小的男人可以发出的。影响我们声音的另一要素是喉部上方气管的解剖结构，是这些结构的振动产生了声音。女性更喜欢体形偏大的男性发出的低沉声音[5]，有人甚至认为人类中喉头位置比较低并不是人们一直认为的为了促进语言发展，而是为了增加喉部上方气管的长度，以降低声音的频率[6]。事实上，红鹿在鸣叫时会主动降低喉部，让鸣叫声的音高变低，这样它"听上去"的体形要比实际来得大。南美泡蟾也一直走在使自己的声音变得低沉而更富魅力的进化之路上。与其他身体尺寸相似的蛙相比，南美泡蟾的喉部是巨大的，大到泡蟾的整个脑袋都可以塞进喉头里。在这个物种中，性选择看上去会偏向长得美，至少是声音好听，而不是大颗的脑袋。

生物物理学原理告诉我们较大个儿的雄泡蟾会有较低沉的"咔咔"声。那雌泡蟾是否会因为"她们"更喜欢低沉的声音而倾向于选择较大个儿的雄性呢？这是雌性关于性审美的另一个方面，并且很快就被拿来做了实验。我用电脑合成了一些泡蟾的鸣叫声，"他们"都有相同的呜呜声，却有不同音高的咔咔声。经过广泛的测试后，我们发现雌性的确是更中意低沉些的咔咔声。在人类中，女性更喜欢男低音的原因迄今都还只是猜测阶段，但我确实知道这种偏好在蛙类中的优势：大个子的雄性能使更多的卵子受精。这并不是说"他们"的精子更好，但受精成功的概率很大程度来自于雄蛙和雌蛙之间身材上的匹配。还记得吗，当"他们""蛙式"交配（不是"狗式"）时，雄蛙是在雌蛙上面的，而且"他们"两个都要释放出配子。如果雄性太小，"他"的精子会撒得雌性满背都是，而那些游离的精子遇到卵子的概率就要小得多。

这么说来一切都合乎逻辑——与大个子的雄性交配所带来的繁殖优势是雌性偏好低沉声音的原因，而这又进而推动泡蟾进化出了大得荒谬的喉头。但符合逻辑（logical）不一定意味着这就一定是生物学的（biological）真实原因。不过，在我们开始研究真正的"生物原因"前，先提出一些假设是不错的开篇。我们很快就会再次回到这个话题。

*　*　*

常说最好的科学研究最终会提出比答案更多的问题。然而我们也必须承认，科学研究最让人感到受挫的就是当你最终找到一个答案后，经常会面对比开始研究时更多的问题。这就是发生在我自己身上的情形。我们通过研究南美泡蟾选择交配对象来回答性选择这个问题时发现了一个严重的矛盾。咔咔声是一个非常小的声音，每个雄性泡蟾都能轻易发出，却又能对雄性的性魅力产生如此大的影响。用简单的进化逻辑就可以推测出，雄泡蟾应该在夜晚一直"咔咔"地叫个不停，直到"他们"吸引到自己的交配对象。但情况并非如此。南美泡蟾并不愿意随便增加咔咔声，许多泡蟾甚至宁愿"呜呜"地叫个不停。但雄性不是应该尽量争取更多的交配对象吗？毕竟"他们"是雄性，不是吗？

和人类一样，动物对自己的颜值进行投资也会受到社会的影响，这个我将在第七章中进行详细的讨论。只要周围还有其他竞争者，好斗的男人就更可能会去穷尽自己的资源诱惑女人。而女人也同样如此，身处女人堆中的她们则更可能会竭尽所能地在男人跟前调情[7]。有两种社交场合可以让南美泡蟾发出更多的咔咔声。一个是当有其他雄泡蟾在同时鸣叫时。这时，现场会升级为复杂的大合唱，其中"鸣鸣加咔咔"的叫声占据绝对主导地位，而只有"鸣鸣"的泡蟾则是弱势群体。雌泡蟾似乎也会挑逗雄性，让"他们"发出更多的咔咔声。如果一只雄泡蟾拒绝从"鸣鸣"升级到"鸣鸣咔咔"，雌泡蟾有时甚至会给"他"一个耳光，而雄泡蟾会让人惊讶地用添加一声"咔咔"来回应。

那么问题又来了，雄泡蟾为什么这样不情愿地去挑逗雌性？想要理解为什么某种特征会这样进化，就必须要了解它带来的好处，以及得到这些好处所需要的成本。如同人类经济学中的"达尔文经济学"阐述的那样，"平均利润/成本"这个比例的大小决定了这个特征的价值，以及最后这个特征是否会被自然选择留下。对泡蟾而言，红利不是欧元、比索或美元，而是健康的体格——也就是受益于这一特征的后代，其数量在种群中的相对比例与人类所进行的许多经济交易不同，泡蟾的目标并不是在短期内追求相对利益的最大化，它投资的时间单位是自己的一生。

举个猎豹捕食的例子吧。我看过猎豹在东非的草原上闪电般捕获野兔和瞪羚。猎豹的快速奔跑有助于捕食，而食物对于猎豹的生存又是至关重要的，毕竟一头死猎豹不需要交配。所以猎豹进化成了善于快跑的动物：它们只需要摆腿3次便能让自己加速到每小时40英里（1英里约为1.6千米），最高速度则可以达到每小时70~75英里。这是所有能奔跑的动物中最快的速度了[8]。那为什么猎豹们不能跑得更快些呢？因为跑步的速度有一些生理上的限制。相对自己的身体大小来说，猎豹的心脏已经非常大了，但当它奔跑时心脏泵血的速率也只能保持最快速度600米左右。这对猎豹来说也实在太快了，它甚至有可能因此受到一些脑损伤。而最后当这只猎豹如愿捕捉到猎物时，它必须在开动之前好好喘口气才能享用它的美食。

南美泡蟾动听的歌声也是需要付出巨大的生理成本的。"他们"鸣叫时的新陈代谢率以及能量消耗率增加了大约25%。但是这个成本也并不能解释对泡蟾发出咔咔声的放弃，在呜呜声中添加一个"咔咔"几乎不消耗多余的能量。实际上泡蟾想"咔咔"叫还需要付给窃听者一些成本。这个答案跟我躲了一年多的迷藏，也在近千年来深刻影响着泡蟾性审美的进化。

许多人都应该有这样的尴尬经历——明明以为是我们私下说的事，最后却人尽皆知。的确，在任何时候我们都不应该假设自己拥有隐私。动物界也一直是如此。当雄性南美泡蟾鸣叫时，雌泡蟾并不是唯一的听众。其中一个凶猛的窃听者是一种捕食蛙类的蝙蝠。后来创立了世界著名的蝙蝠国际保护组织的梅林·塔特尔（Merlin Tuttle），在我来到BC岛的一年前，也曾经在这儿工作过，并且抓到了一只蝙蝠（Trachops cirrhous，或者叫粗面蝠），当时它嘴里正叼着一只南美泡蟾[9]。作为世界蝙蝠生态学方面的专家之一，梅林明白蝙蝠吃这种食物十分罕见，他迫切想知道这对于它们的生活方式、栖居地以及觅食地意味着什么。梅林还想知道蝙蝠是否会听到南美泡蟾的鸣叫声，他想和我一起探寻蝙蝠和泡蟾之间的互动。当我收到梅林的手写信件（这还是在戈尔"发明"互联网很久之前），我激动地觉得这只蝙蝠可能会解开南美泡蟾咔咔叫的谜团。

然而，当慢慢回忆起蝙蝠的生物学知识后，我的兴奋感很快就消失了。我意识到这只蝙蝠听到泡蟾叫声的可能性不大，更别说用它们的叫声作为猎捕的线索了。蝙蝠以其回声定位能力而闻名[10]，它们发出高频脉冲，在遇到物体后再反弹回来，被蝙蝠画成一幅周围环境的声音图像。蝙蝠用来回声定位的脉冲是超声波，之所以"超"，是因为超过了我们听觉的上限20000赫兹（Hz）。粗面蝠发出的用来做回声定位的声音在 50000~100000 Hz 之间。由于它们的听觉被移到了如此高的频率，在我们能够听到的声音频率范围内，蝙蝠几乎是一个聋子。另一方面，蛙通常只发出低频的声音。南美泡蟾的呜呜声中最响的频率也只有 700 Hz，咔咔声则是 2200 Hz，稍微高一些，但远远不及超声波的频率范围。

当梅林、我们的助手辛迪·塔芙特（Cindy Taft）和我在BC岛附近的维尔池塘建立了一个新的观察站后，我们经常能看到这些蝙蝠捕蛙。平均说来，每小时就有6只蛙的生命断送在这些蝙蝠的上下颚之间。我们还拍摄到了一些让人惊叹的蝙蝠捕食的照片，梅林是一位拥有魔法的摄影师，不久后他的这些正在吃着泡蟾的蝙蝠照片，以及报道我们新发现的故事，就出现在了《国家地理》上。但是，蝙蝠到底是因为听到了泡蟾的叫声还是用自己的回声定位法来找到泡蟾的呢？对此，我们需要做些实验才能知道。

怎样才能抓到蝙蝠呢？最简单的方法是，先找到蝙蝠穿越森林的路径，然后，在天黑之前，在上面挂一张薄薄的"雾"网。蝙蝠是可以通过发出超声波来检测到这些网络的，但只有在它们十分小心的情况下。跟高速公路会催眠一样，蝙蝠的警觉意识会在晚上一次又一次地沿着相同路径飞行时被消磨掉，不会再时时集中在那些超声波回音上了。如果它们的飞行路径上发生了一些不同以往的事情，蝙蝠通常就会掉入陷阱。这就是唐纳德·格里芬（Donald Griffin）在20世纪30年代发现蝙蝠回声定位时使用过的方法之一。在他的实验室里，他将各种物体放置在蝙蝠的飞行笼中，蝙蝠巧妙地利用回声定位技术避免了碰撞。一旦蝙蝠习惯了这些物体的位置后，将物体移开一些，蝙蝠就会撞上去。格里芬将这个现象称为"安德里亚多利亚效应"，取名于1956年著名的远洋班轮碰撞事件。

虽然我们观察到了蝙蝠吃鸣叫着的泡蟾，但这并不意味说蝙蝠是被叫声吸引来的，它们可以轻松地通过回声定位系统探测到泡蟾的身体。而我们则在野外收集了一些重要的证据，证明粗面蝠的确是被泡蟾的叫声吸引来的。我们在森林里布置的雾网底下放了一些音箱，里面播放着泡蟾的叫声，从此蝙蝠就经常飞入音箱正上方的雾网中。从那以后，一代代的研究员学会了用声音来诱捕蝙蝠。还有一个更加令人信服的证据，我们在森林里又放了两对音箱，一对只播放南美泡蟾的简单鸣叫，呜呜声，另一对则播放它们的复杂鸣叫，呜呜咔咔声。蝙蝠从树冠上飞出后，就干脆直接向扬声器俯冲过来。我们没法知道到底有多少只蝙蝠飞过，但它们飞过音箱的次数超过200次，并且大约有70%的次数是在播放复杂鸣叫的音箱上方。最让人信服的实验则发生在实验室的飞行笼中，它模仿了我在雌泡蟾上所做的实验。我们给了蝙蝠两个选择，一个是简单鸣叫，一个是复杂鸣叫。即使蝙蝠和泡蟾对鸣叫声感兴趣的原因不同，一个是吃饭，一个是交配，它们却对这些叫声表现出了类似的反应。泡蟾和蝙蝠都可以被一个简单的鸣鸣声所吸引，却也都更喜欢复杂鸣叫，大约90%的蝙蝠都会对复杂鸣叫做出反应。难题终于被解开了！许多年后，一位现为热带所的科学家瑞秋·佩奇（Rachel Page）证明了，与没有咔咔的鸣叫相比，蝙蝠可以更容易找到带咔咔的鸣叫声的来源。

向鸣鸣声中添加"咔咔"会增加雄泡蟾交配的成功率，但同时也会增加它成为蝙蝠盘中餐的风险。原来雄泡蟾一直是拿着一头是交配一头是生存的长木杆在走钢丝呀：咔咔声多了会向一边倾斜，少了则会向另一边倾斜。几年之后，我与两位神经生物学家沃尔克默·布伦斯（Volkmar Bruns）和海内克·布尔达（Hynek Burda）一起发现，粗面蝠的内耳已经适应了这样一种特殊的要求，它们既能保持对超声波的敏感，准确利用回声来判断障碍物的位置，又能将听力延伸到泡蟾叫声的低频范围[11]。据我们所知，粗面蝠的近亲都没有这种听力适应。如果是这样的话，那就意味着当粗面蝠在中美洲的热带雨林中第一次遇到泡蟾时，它们可能是用回声定位来猎捕泡蟾的，对泡蟾的鸣叫声充耳不闻。后来经过了一些听觉系统构造上的进化调整，还毫无疑问地经过了大脑的重新适应之后，粗面蝠才成为了南美泡蟾最大的克星，并在这个物种性审美的进化史上留下了自己的印记。

* * *

在人类或者其他动物中，想要确定任何一种偏好都是非常困难的，性偏好尤其如此。很多不同的研究表明女性更喜欢面部特征鲜明的男性[12]，雌孔雀喜欢拥有更长尾巴的雄孔雀[13]，还有雌泡蟾更喜欢带"咔咔"的叫声。但是，这些偏好到底源何而起？是哪些机制影响雌性选择这个而不是那个作为交配对象呢？在偏好上需要有哪些改动才能推动进化呢？

行为上的偏好是由三个相互作用的因素共同推动的现象：外部刺激、感觉系统的先天条件和神经认知系统对刺激的反应。如果我们想知道这些偏好是如何进化而来的，为什么它们在每个物种之间都不尽相同，我们不仅需要观察输出的行为，还需要了解硬件的变化在这些行为偏好中起了些什么作用。

让我用个类比来解释我为什么希望能在大脑层面上理解行为偏好。我们可以比较猎豹（cheetah）和豹（leopard）在大草原上冲刺时的最大速度。猎豹的速度更快，并且是进化使它们跑得更快的。但我们很少了解到这些进化过程是如何发生的，除非我们去仔细研究猎豹这个"润滑良好的引擎"的一些细节。但如果我们还测量了四肢的生物力学效率、心脏的大小以及有氧和无氧代谢是如何支持这种速度的话，我们就可以不仅仅说"是进化过程使猎豹奔跑速度更快"，而可以仔细描述到底进化了些什么具体内容了。

我们打开了南美泡蟾这个"引擎"的引擎盖，发现大脑中的某些特别区域，还有连接这些大脑区域的复杂网络，都与鸣叫声的性偏好有关。我们利用两种不同的方法确定大脑的各个部分是如何对不同的声音做出反应的。首先我们用神经生理学的方法，一边同时播放不同的声音，一边用电极记录泡蟾脑部不同部位的神经元活动。由于电极可以记录神经活动，这就使我们得以确定到底是哪些声音激发了大脑各个部位的活动。第二种方法则是利用基因表达。我们先让雌泡蟾暴露于不同的鸣叫声中，然后将它们马上处死，取出大脑进行切片，再观察某些特别基因的表达，以识别出刚刚发生的神经活动。这些对泡蟾大脑的研究，加上对其行为偏好的详细了解，让我们对雌泡蟾为什么喜欢某些鸣叫声得到了相对简单的解释。

正如我将在后面详细讨论的一样，动物所做的关于交配的最重要的决定就是找到同一物种的配偶。如果雌性与错误的、不和自己同种的雄性物种交配，就浪费了自己在生殖力上的大量投资，因为这些错误的交配会导致几乎为零的"达尔文价值"①。在大多数物种中，求偶者都会表现出鲜明的特征让其选择者明确地知道"他们"是何物种。

我之前说过，世界上大约有6000种蛙，它们几乎都会鸣叫，而且所有这些物种的鸣叫声都不尽相同。当我们用雌蛙做行为实验时，"她们"几乎总是倾向于选择同物种雄性的鸣叫声。这个偏好的源头又来自哪里？听觉系统的整个神经网络、决策系统，还有行为输出系统，都偏向于使雌性觉得这些来自同类的鸣叫声最有吸引力，最性感。正是这些大脑区域的神经元决定了"她"的性审美，这才是鸣叫声偏好进化过程中必须做出改变的部位。

――――――――――――
① 指无法繁殖后代。——译者注

人和蛙听觉系统的结构很相似，听觉的产生从耳朵，准确说是从内耳开始。内耳是我们头部的一个分管平衡和听力的胶囊状器官，它的内部有毛细胞嵌入基底膜中，基底膜会对声音或头部方位的变化做出响应而来回摇摆，这时就会释放神经冲动。而插入听觉器官中毛细胞的神经元就称为听觉神经，它掌管着从内耳到大脑的信息传递。

　　正如我将在下一章中讨论的那样，所有的感官、感知甚至认知系统都是非线性的，也就是说，它们的神经和行为输出不仅仅由输入刺激来决定。这是一个显而易见的结论。例如，很多潜在的刺激甚至都没能被检测到。在从 X 射线到无线电波的整个电磁波谱中，我们只能看到波长在 400~700 nm 的一小段，却看不见许多鸟类和鱼类都能看到的大部分紫外线。这种感知域受限的情况出现在我们所有的感觉中。人类最好的朋友——狗狗，能闻出空气中的数千种气味，而我们的嗅觉系统与狗相比就像不存在一样。声音也是如此。我们的听觉范围为 20~20000 Hz，完全听不见大部分蝙蝠的生活中四处充斥的超声波。话说回来，大部分的蝙蝠在我们说的大多数人话面前也是聋子，但我们之前提到的吃蛙的粗面蝠是个例外。

　　如果我们想要知道南美泡蟾的大脑如何来编码声音的性审美，首先必须知道这些泡蟾的听觉系统到底告诉了大脑些什么内容。即使在自己的听力范围内，任何动物的耳朵都会更擅长听某些频率的声音。我们也不例外。尽管我们的听力频率范围可以覆盖 3 个数量级，但只对 2000~5000 Hz 的频率最为敏感。然而蛙的听力范围却狭窄得有些极端，它不像鸟类和哺乳动物那样只在内耳中有一个听感受器，而是有两个。一个是两栖乳头（amphibian papilla, AP），通常对低于1500 Hz的声音敏感，另一个是基底乳头（basilar papilla, BP），对1500 Hz以上的声音敏感。多年前，鲍勃·卡普拉尼卡（Bob Capranica）首先在贝尔实验室，随后在康奈尔大学的研究发现，这两个内耳被当作一对滤波器，用各自的最佳接收频率匹配同物种用于交配的鸣叫频率[14]。我和我的同事沃尔特·威尔钦斯基（Walt Wilczynski）都跟卡普拉尼卡有过不同程度的合作，并发现南美泡蟾也是如此。

那南美泡蟾到底听到了些什么呢？沃尔特记录了南美泡蟾在被播放蛙鸣时听觉神经的神经放电，他发现，两个内耳的最佳接收频率与泡蟾的两种鸣叫声匹配得很好。AP被调整到接收700 Hz左右的声音——一个几乎完美匹配呜呜声的频率（呜呜声的平均发声频率约为700 Hz）。而正如我们预期的那样，BP则被调整到接收更高的频率的声音，准确说是2200 Hz，接近咔咔声平均2500 Hz的主频率，却更有利于检测到稍低于平均值的频率。南美泡蟾更喜欢同类鸣叫声的一个原因是它们能够更好地听到同类的声音，而它们更喜欢大个子雄性发出的低频音的一个原因是那些叫声更接近BP的最佳接收频率而不是咔咔声的平均频率。这意味着雌性认为大个子雄性的鸣叫声比小个子雄性的鸣叫声更响亮。因此，我们在"引擎盖"下进行的第一次尝试表明，雌蛙的两个内耳器官之一的BP的最佳接收频率有助于确定一部分雌泡蟾的性审美——偏好大个子雄性发出的低频咔咔声。

耳朵是将来自于声音的所有刺激传入大脑的通道。大脑才是各种喜好幕后的真正大佬。为了更好地描述这个神经机器，我们用第二种方法来补充大脑编码行为偏好的知识。这一次金·霍克（Kim Hoke）加入了我和沃尔特，我们一起使用基因表达来观察南美泡蟾对不同类型的声音做出的神经应答的位置和数量[15]。我们先把雌泡蟾暴露于某种类型的声音下，可能是呜呜、呜呜-咔咔、白色噪声，或者是另外一种蛙的鸣叫声，然后处死泡蟾，大脑被切成薄片，用一个分子探针来确定哪里有能指示神经活动的特定基因表达。通过这种方式，我们就能够"看到"整个大脑中的神经活动是如何为了响应这些不同的声音而变化的。

对我们科学家来说，如果能有一个专门编码性审美的神经元，就太好不过了。用充满性感的画面、声音或者气味就能启动装置，搞定一切！她的"性神经元"被激发，顿时兴奋起来。这个按钮打开的是爱情还是性欲，就得看是什么物种了。但现在看来，这种单细胞的特征检测器似乎成了一个例外而非普世的规则。今天吃什么、在哪里睡觉以及与谁交配这样的决策更可能是来自于整个神经元群的总体反应。大多数性刺激是一系列刺激变量的复杂组合——不同类型的刺激，如各种声音的持续时间、频率和幅度，又往往由不同的神经元调控——所以最后的输出是一个总体反应也就合情合理了。

这正是金在南美泡蟾中的发现。蛙类的后脑有一大片区域（称作"核团"）负责听觉分析。金发现在听觉核团的神经元中，首先是被呜呜-咔咔声激发，随后才是简单的呜呜声，最后才是剩下的其他类型的声音。性吸引的信号不仅在大脑的听觉区域中激发出更多的神经刺激，还改变了其他大脑区域活动之间的关系。我们把一个大脑区域与另一个大脑区域在活动程度上的相关性称为功能连通性。与其他物种的鸣叫声相比，当一只雌泡蟾听到一只雄泡蟾的鸣叫时，与决策机制、奖励机制、动作行为输出（来回应这位性伴侣）相关的神经回路中的神经活动都会增加。好了，虽然缺乏一些细节，现在我们对雌泡蟾性审美中涉及的基本感觉——神经和认知过程总算有了一些了解。这些偏好从何而来不再是谜团，现在只要打开大脑就能剑指"性域"了！

* * *

生物学常常会提出关于万物如何运作，以及它们为什么进化成了今天的这种运作方式等问题。我们通常将这两种问题分别称为直接问题和终极问题，当今大多数的生物学研究仍然是选择了一个问题就忠贞不移，而不去管另外一个。但我们的这个研究不是。南美泡蟾已经成为"性选择"领域中最著名的"模式生物"之一，因为我和我的同事们能够分别回答这两个问题，更重要的是，我们可以用回答一个问题得到的信息来探索着回答另一个。

在本章的前一部分我曾经提到过，雌泡蟾更喜欢大个子雄泡蟾低沉的咔咔声，这些大个子的雄性比小个子的雄性能让雌泡蟾更多的卵子受精。你刚刚在前面读到过，偏好大个子雄性的原因来自于雌泡蟾的听觉器官，特别是BP，它的最佳接收频率被调整到比平均咔咔声略低的位置。因此，与小个子的雄泡蟾相比，雌泡蟾的BP从大个子雄性的呼唤中接收到了更多的神经刺激。进化论的逻辑会说，雌性听觉器官被进化成现在最佳接收频率的原因，是因为"她"

有对大个子雄性的偏好（"他们"能使更多的卵子受精）。这样一来，BP接收频率较低而选择大个子配偶的雌泡蟾，就会比BP接收频率较高而选择小个子配偶的雌泡蟾更具有选择优势。这种偏好大个子雄性低沉咔咔声的特殊性审美的进化，是因为它提高了雌性的达尔文适应性①。这绝对是符合逻辑的，但事实却是，它却不符合生物中观察到的现象。我们是如何知道的呢？

南美泡蟾大约有8个近亲，它们都分布在南美洲。其中有一半分布在安第斯山脉东部的亚马孙，另一半则分布在安第斯山脉的西侧。我和斯坦利·兰德用了数不清的旅行去录各种蛙叫，然后采集这8个物种的蟾蜍。我们在中美洲的每个国家都工作过，从墨西哥、巴拿马、秘鲁、厄瓜多尔的安第斯山脉，厄瓜多尔和巴西的亚马孙流域，一直到委内瑞拉的亚诺斯草原。除了亚马孙流域的一些种群外，南美泡蟾种群的其他蛙类都有雄性只发出呜呜而没有咔咔声。它们听觉系统的最佳接收频率是什么呢？我们把这些蟾蜍带回给了沃尔特。他就像之前为南美泡蟾所做的那样，测试了所有物种的蟾蜍，结果竟非常地相似。[16]

每个物种的AP最佳接收频率都匹配它们呜呜声的频率。由于它们中的大多数都不发咔咔声或其他更高频率的声音，所以我们知道它们在日常交流中不使用BP这个听觉器官。但它们却都有BP，并且这些BP都调过了。令人惊讶的是，它们竟然都被调整到了与南美泡蟾BP相同的接收频率。对南美泡蟾来说，这个设计挺有道理，

---

① 指生物中让一个种群数量维持不变或增长的能力。——译者注

它们的BP是与雄泡蟾的咔咔声相配的，但对于大多数其他从不发出咔咔声的蟾蜍来说，这又是为什么呢？

进化生物学家依靠简约原则来解释过去发生过的事。这就是说，在其他条件相同的情况下，最简单的那种解释更可能是正确的。想想人的心脏吧，我们拥有一个适应性无敌的四腔心脏，向外泵出富含氧气的血液。但世界上所有5500种其他的哺乳动物也是如此。那是不是说这颗精致的心脏在每个物种中都进化了一次，一共进化了5500次，还是说它在一个所有哺乳动物共同的祖先中进化了一次，然后便被其他哺乳动物遗传了下来？答案显然是后者。

当我们将相同的逻辑应用于南美泡蟾和它的近亲们，就可以得出类似的结论。它们都有的BP并不是在每个物种中分别进化的，而是从共同的祖先那里遗传来的。这就意味着BP的最佳接收频率在"咔咔"声出现之前就已经形成了。这完全颠覆了我们对"低沉咔咔声的偏好是如何进化来的"这个问题的思考。雌泡蟾并没有进化"她们"的接收频率以挑选大个儿的雄泡蟾，反而是，当雄泡蟾进化出"咔咔"声时，"他们"挑选了与已经存在的雌性听觉器官相匹配的频率。我们把这个过程称为感官利用[17]，还有一个更为普遍的过程——感官驱动（我将在下一章中讨论）。这个想法引起了一场知识革命，性选择领域的哲学家托马斯·库恩（Thomas Kuhn）称之为范式转移[1]。

---

① 这个名词用来描述在科学范畴里一种在基本理论上根本假设的改变。这种改变，后来亦应用于各种其他学科方面的巨大转变。——译者注

希望我们适才一起在这个热带泡蟾性生活中的缓步徐行，让你相信美和大脑间有着千丝万缕的联系。这让我意识到大脑是我们对性选择的理解中缺失的一环，这个结论不仅适用于南美泡蟾，而且对整个动物界都是如此。

第三章

美和大脑

事物之美，只存在于思考它们的头脑里。

——大卫·休谟（David Hume）

没有大脑就没有外表美……就像如果森林里没有一对愿意倾听的耳朵，即便是大树坍塌也可以悄无声息。美不仅仅存在于旁观者的眼中，还存在于他们的耳、鼻、味蕾和触觉中。这些感觉器官是最先接受来自周遭的刺激的，并充当着外部世界和我们的内在感受之间的桥梁。而大脑则是最终目的地。在那里我们感知自然，并且形成自己的性审美。所以，为了理解美，我们首先需要了解大脑。为了理解性审美，我们需要了解大脑如何处理关于性的信息，我们姑且称这部分的大脑为"性大脑"吧。"性大脑"不是一个独立的结构，正如我们将会看到的，它涉及神经系统中整合和调控性审美的所有部分，"性大脑"如此复杂，性审美如此难以预测，因为这一神经过程跨越多个脑区，且每个脑区都具有多种功能，经常同时执行不同的任务。例如，动物使用相同的视网膜和光感受器来寻找食物和性伴侣。还有，我们对性、毒品和摇滚的反应都是由相同的奖赏中心调节的。

在接下来的三章中，我们将通过3种主要的感觉系统来探讨美：视觉、听觉和嗅觉。在本章中，我们首先解释大脑如何以及为什么具有性审美，为什么这个感觉会因不同的动物而不同，以及脑的其他功能区是如何影响我们对美的认知的。

* * *

　　我们知道有人似乎活在自己的世界里。动物也是如此。德国控制论者雅克布·冯·于克斯屈尔（Jakob von Uexküll）甚至为它创造了一个词——*Umwelt*[1]（客观世界）。他认为，动物可以居住在同一个物理环境但生活在不同的感觉世界里，就像生活在不同的星球一样。各物种的感觉世界的不同就如同它们的形态与 DNA 不同一样。知道动物眼中的周遭环境是怎样的，以及同一物种的个体间看待世界有何不同，能帮助我们慢慢了解动物是如何看待美的。

　　在爱尔兰作家布拉姆·斯托克（Bram Stoker）写《德古拉》（*Dracula*）之前，蝙蝠让普通大众感到恐惧的同时也使博物学家们感到困惑不已[2]。蝙蝠是唯一能飞的哺乳动物，它只有一双小小的眼睛，却能在乌黑的夜晚翱翔天空，好似拥有超自然力量。在 18 世纪晚期，天主教神父、科学家、意大利人拉扎罗·斯帕兰西尼（Lazaro Spallanzini）为了找到这个第六感，狠狠地折磨了蝙蝠一番[3]。他先是烧掉了蝙蝠的眼睛，又用蜡填充它们的耳朵和鼻子，试图破译蝙蝠在黑暗中寻找方向的诀窍。只可惜他从来没有完全弄清楚过。又过了一个半世纪，在 20 世纪 30 年代，唐纳德·格里芬（Donald Griffin）和罗伯特·加拉巴哥（Robert Galambos）以一个更加温和的方式解决了这个难题。他们用新技术来记录超声波，然后用非侵入性行为实验试图了解蝙蝠在黑暗中的巡航能力。[4]这是第一次对蝙蝠如何用超声波回声定位观察世界的真实描述。泡蟾叫声的回声超越了我们的听力范围，却为蝙蝠描画出了一个与我们用视觉看到的图像有些许相似的"声学图像"世界。不过也只是"些许"相似而已。著名哲学家托马斯·内格尔（Thomas Nagel）反问道："成为一只蝙蝠可能是什么样子？"[5]① 也许有一天，科学家可以详细描述回声定位的所有行为和神经机理。但是，内格尔辩到，我们永远不能体会到成为一只蝙蝠是什么样子，因为我们永远无法感受到与蝙蝠相同的感觉和意识体验。

美也是一种感觉体验，我们将其描述为：一幅看起来很漂亮的画，一顿闻上去香喷喷的菜肴，一首听来让人陶醉的曲子。不同的动物用不同的感觉来体验性感之美。飞蛾、鱼和哺乳动物非常热衷于彼此嗅闻，而蟋蟀、青蛙和鸟类则花费大量时间去聆听。如果我们想了解动物界中因为性审美的多样性导致的性审美的多样性，我们则必须去了解性审美是如何从感觉器官和大脑中产生的。根据内格尔的理论，我们不会像母鹿那样在一只公鹿的脚印中闻到了麝香味后那样狂喜，但是，如果我们对母鹿的嗅觉系统探一探究竟，至少可以理解她为什么会这样着迷。

为了理解动物感受美的过程，我们得先从连接动物个体与外部世界的感觉器官，诸如耳朵、眼睛和鼻子开始。这些器官就像入口，各种感觉通过它们源源不断地进入大脑；又像门卫，它们得看守着自己的领地，不让所有的感觉都一哄而入。

在爱尔兰西岸的丁格尔半岛，我看见过这辈子见过的最壮观的

---

① 这个问题是内格尔 1974 年一篇论文的题目，他在其中讨论到，意识是一个主观感受，想要完全了解另外一个生灵所体验到的感受是几乎不可能的。——译者注

彩虹。它们从海中升起，在我的头顶张开拱弧，再潜入海岸线上绿色的山丘里，让人很难相信这彩虹的终点没有藏着一罐金币[①]。彩虹是太阳光被空气中的粒子折射后形成的彩色条带。我们看到的彩虹外层是波长较长的红色，内层是波长较短的蓝色，而绿色、黄色和橘色则被夹在中间。这时恰好有一只海鸥飞过我头顶，我相当怀疑它是否能感受到我此时看见的彩虹，因为我确定它看不到我眼前所见。海鸥和许多其他鸟类的可视波长都移到了更短的区域，所以它们可以看到紫外线（UV），而我们只有在紫外线照射在皮肤上时，才能从皮肤的灼热里感受到。因此，在爱尔兰看彩虹的海鸥应该会看到蓝色外的额外色带，而我只能看到蓝色为止。蜜蜂也可以看到光谱的紫外线部分，这就是为什么需要靠蜜蜂授粉的花儿们经常用诱人的能反射紫外线的图案来装饰它们的花瓣，并且那些图案往往直直地指向花的性器官，就像是催促蜜蜂"来看我的画"一样！动物之间也存在类似的感觉差异。我们可以听到蝙蝠的翅膀在头顶划过夜空的声音，但却对蝙蝠发出的萦绕在我们周围的超声波充耳不闻。我们可以听见大象的吼叫声，却不能听见它用来与数英里外其他大象交流的"次声波"[②]。而气味的丰富则是远远超出了我们能够企及的范围。内格尔甚至无法想象拥有狗的嗅觉会是什么样的，是啊，这太超出想象了。就因为我们只能欣赏我们所感觉到的世界，所以感觉器官的差异会让不同动物产生完全不同的性审美。这就是性审美会有这么多不同形式的主要原因。

[①] 在彩虹的终点藏着一罐金币是一个广为人知的爱尔兰传说。——译者注
[②] 次声波为频率低于 20 Hz 的声音。——译者注

进化生物学家们常常说，动物的进化都是为了促进生存和繁殖。如果顺着这个逻辑，那么所有的感觉系统不就都应该对这个世界提供准确、全面、无偏见的描述和评估，而不是只在某些局限的感觉上异常兴奋吗？这是另一个合乎逻辑却不符合生物事实的论断。事实并非如此。我们的每个感觉器官都只对世界的一小部分做出反应。就像我刚才举的例子，人耳只对 20~20000 Hz 敏感，这就使我们在次声波（<20 Hz）和超声波（>20000 Hz）面前像个聋子。我们的眼睛只对波长为 400~700 nm 的可见光敏感，这个波长在整个电磁波谱带（从 0.01 nm 的伽马射线到超过 1000 nm 的无线电波）面前异常狭窄。同样的，我们的嗅觉系统在像花市里的花一般丰富的可挥发化合物的环境中，与嗅觉灵敏的动物相比就像是不存在一样。即使是在人类可以感受的范围内，我们的听觉、视觉和嗅觉都还是被"调整"到对某些更小范围的刺激更为敏感。

为什么我们的感觉系统如此吝啬呢？主要有两个原因，限制性和适应性。我们没有感知周围全部环境所需的装备。波长较短的紫外线带有危险的能量，会损伤我们的视网膜，而红外线的能量又太少，无法被我们的光感受器捕获。另外我们也需要做一些权衡取舍。如果想要听觉系统对超声波敏感，那通常也需要以同时能听到极低频率声波为代价。

只拥有有限的感觉还存在着适应性的原因。在今天的"大数据"时代，获取信息非常容易。而将数据计算处理成有意义的形式却仍然是一个巨大的挑战。对基因组测序只是小菜一碟，而弄清楚这些序列的意义就是另外一回事了。大脑面临着同样的问题：数据处理异常昂贵。而且如果涌入大脑的信息越多，它的处理效率就越低。感觉通道其实是在信号进入大脑前滤除"噪声"的一种途径。从进化的角度来说，只有增加或减少我们生存和繁殖能力的感觉体验才是重要的。在生物能感受到的刺激范围内，感觉器官只对最重要的事物敏感。许多蛙的听觉就是这样，它们的内耳被调整到能够最好地接收自己物种的鸣叫声——还有什么样的声音能够比这样的适应性更强呢？你可能会说，它们的听觉系统如果被调整到能够接收其天敌粗面蝠的超声波也是一种适应性。的确，这可能是适应性和约束性相遇的一种情况。我们可以做一个粗略的设想，有一些结构上的限制使南美泡蟾除了听到"呜呜"和"咔咔"这种低频声外，听不到超声波。但另一方面，中国有一种蛙的确可以在超声波的频率范围里鸣叫，而且叫声可以被听到[6]。这就进一步说明，南美泡蟾应该是能够感受到蝙蝠用来回声定位的超声波的，只不过它们还没用到这个技能。在未来的某个时候，我们可能会知道原因吧。

* * *

从感觉器官产生感知的偏好开始，这些偏好就建立了我们性审美的基础。这一工作是由大脑完成的。每个感觉器官都会将信息发送到我们的中央处理器。在那里，信息从一个处理中心（神经核团）传递到下一个处理中心。每个处理中心都会对我们的所见、所闻、所嗅进行再一次的精雕细琢。在蟋蟀和蛙的大脑中，神经元被调整到完美匹配自己物种求偶鸣叫的特征，如频率、音高和持续时间。这些神经元可以将鸣叫声的信息结合起来，帮助让主人找到对自己最有吸引力的配偶，而其他声音、其他物种的叫声，甚至同一物种的其他雄性，都达不到标准。如前一章所述，一只雌南美泡蟾只要听到一声"呜呜"叫，或者最好是一声"呜呜-咔咔"，它脑中的听觉中心就会产生不可抑制的冲动，而其他声音，如风声、其他物种的嗷嗷声则不会有这样的效果。果蝇中的性气味同样如此。虽然从感觉通道到大脑的传递过程在果蝇中更直接，但是果蝇的脑中还是有一组神经元对性气味异常敏感，但对其他类型的气味无动于衷。

雄果蝇带有性信息素cVA，可以刺激雌性交配，却抑制雄性的交配欲望[7]。这种信息素的分子结构与果蝇触角中称为Or67d的一种特定嗅觉受体的结构互补。cVA分子无缝贴合Or67d，就像榫与卯拼合一样，这种契合是雌性对同种雄性的感知信号。若换了一根木材，如其他物种的信息素，就不能跟对应的卯拼接上，因此就不再是合适的交配对象了。当这种完美契合出现时，Or67d会向果蝇的大脑发送一个消息，这时再与其他刺激产生的信息在脑中整合，这时雌果蝇就会被雄果蝇的性魅力紧紧吸引住——作为回应，"她"与"他"交配了。这并不是果蝇用来吸引配偶唯一重要的刺激因素，但刺激这种受体可以充分、必要地让雌性开始交配。要问这种受体在塑造雌果蝇的性审美方面有多重要？当研究者把果蝇的信息素受体用飞蛾的信息素受体取代后，这些突变的果蝇会在闻到一只雄飞蛾的味道时就开始交配了呢！

即便是那些似乎是专注使用一种感觉的动物，它们的世界也是由多种感受合力筑成的。是的，我们确实倾向于认为许多动物借助于一种感觉模式促成交配。鱼和蝴蝶通常用视觉刺激去吸引配偶，飞蛾和哺乳动物使用气味，青蛙和蟋蟀则依靠声音。虽然许多动物主要采用一种感觉，但大多数是使用多种感觉的，因为选择者会从求爱一方的展示中尽可能地多地提取信息。让我们想象一下人们说话的情形。我们动一动嘴唇，声音就从我们的嘴里发出来。与此同时，嘴唇将声音塑造成可辨别的音素，但嘴唇也同时提供了我们所说内容的信息，足以帮助我们在嘈杂的环境中理解会话，也能帮助唇语者在无声的环境里交流。蛙的声带类似于嘴唇，蛙需要用它来发出鸣叫声，但声带的特质也糅合了听众对追求者的看法。在许多种类的蛙中，雌性更容易对同时能看到声带起伏的雄蛙产生爱慕[8]。然而，这种视觉刺激如果不和鸣叫同时出现的话，对于雌蛙来说就没有太大的作用。就像摇摆的节拍器如果不发出打拍子的声音则对我们形成节奏感丝毫不起作用。

就连果蝇也具有多种类型的性审美。它们在求爱和择偶过程中使用的鸡尾酒似的联合感官刺激包括了翅膀振动发出的情歌一样的声音，能被视觉探测到的竞技舞蹈，吸引某个异性的"味道"，还有前面提到的性香味。这所有种类的感觉刺激都被整合进大脑，以一个非常特殊的方式映射出一个魅力四射的潜在配偶。举个例子吧，果蝇在交配时会有许多互相抚摸的动作。因为果蝇的大部分身体是被味觉受体覆盖的，所以这就意味着交配过程包含着大量的"品尝"。一只合适的雌性的体味可以激活雄性的味觉受体（可以浪漫地表示为ppk23+），于是这只刚刚被品尝过的雌果蝇就变得在雄果蝇面前魅力激增。[9]但这个魅力只有和正确的嗅觉受体还有视觉刺激一起（cVA是其中之一），才能被感受到。对所有的动物而言，特别是我们人类，"性大脑"的一个重要任务是将来自不同感觉器官的刺激结合在一起，然后确定这个潜在伴侣的新形象是否与我们的性审美相符，是否是一个"漂亮"的人。

每种感觉都偏好刺激的性特征，而大脑的决定则倾向于更具有性吸引力的刺激组合。问题是，到底哪些规则决定了这些性审美？正如我上面所说，大脑被进化成了一个"能发现重要事物"的样子。还有什么比得到一个合适的配偶更重要呢？所谓"合适"的配偶，我并不是说"最好"的那一个，这个我们稍后会继续讨论。现在最需要解决的是，先找到一个能合作的配偶，能将它的配子与你的融合，长成活生生的后代。而找到这个配偶最优先的，也是最重要的标准则是，它得来自一个正确的物种，或者说是跟你一样的物种，不论你是何方神圣。

选择合适的配偶、正确的物种，是任何动物性审美的重要组成部分。在进化过程中基因从来不会单独行事，而是作为整个基因组的一部分，在特定的遗传背景中与同一物种的其他基因一起才能发挥作用。当不同的物种杂交时，这些基因的功能就会被破坏。例如，不同种类的板翅鱼具有不同的肿瘤抑制基因[10]，而它们的杂合后代就像被黑色素瘤①诅咒了一样。也正是这种皮肤癌，导致每年超过五万人死亡。一般来说，跨物种交配是一件坏事，因为不同物种的基因往往是不相容的。由于遗传的不相容性，不同种之间的受精通常是不会发生的。如果发生了，后代的发育往往会出错。这种配偶选择上的偏差是一个很大的成本，特别是对于雌性而言，它们对

---

① 皮肤癌的一种。——译者注

自己卵子的大量投资就这么被白白浪费了。幸运的是，大脑非常善于找到正确的物种，它让选择者更多地被同物种的特征吸引，而不是被异物种的特征吸引。大脑如何完成这种配对的细节也许各不相同，但在不同物种和感觉方式之间的大致原则是相似的。

在前一章中，我提到过所有6000种蛙都有自己独特的交配鸣叫声。在大脑正常的情况下，这些声音为雌蛙提供了足够的信息识别同物种，而不是其他物种的雄蛙。我们测试过的每个物种都是如此。蛙的听觉系统都偏向识别自己物种的声音组合。如上所述，这是通过一组偏向识别自己物种的特殊鸣叫组合的神经元来实现的。蟋蟀和鸟类的听觉系统、鱼类和蝴蝶的视觉系统，还有飞蛾和哺乳动物的嗅觉系统都是如此。动物性审美的第一条规则就是先找到一个属于自己物种的配偶。这就是为什么性吸引力很少延伸到其他物种的原因。

这个性魅力的第一条规则还可能会产生一些重要的没预料到的结果。在一群打算交配的雄艾草鸡，或者正在珊瑚礁上展示自己身段的一群公鱼中，有些个体可能比其他个体更符合"同种"的标准。"他们"都是"正确"的选择对象，却似乎有一些比其他的更合适，会被优先当作交配对象，因为"他们"更符合大脑的性审美标准。在选交配对象这件事上，除了她或他更性感漂亮以外，再没有其他更好的标准了，更健康、更富有、更聪明都不作数。

一旦择偶过程中的选择一方确定了一组同种的可能配偶，这时我们可以想象一下，接下来的目标就是确定谁才是"质优"的那一个。我们将在后面的章节中说到，性特征的某些属性可以将这些交配对象的品质表现出来，从而让这位选择者能找到对自己最有好处的那一位。如果庞大的鹿角、宽厚的肩膀或婉转的鸣叫声会表明这位潜在的配偶会拥有更好的资源、成为更好的父亲，或者携带更具兼容性的基因，那么大脑就完全有可能将这些特征添加到选择者的性审美评价标准中去。因此，动物性审美的第二条规则就是，不仅要找到同种的交配对象（规则一），而且要找到一个"质优"的交配对象（规则二）。最后，一个质优的交配对象定义为一个可以增加择偶者后代数量的配偶，换句话说，一个会增加择偶者"达尔文适应度"的配偶。

到目前为止，我们一直专注于大脑是如何将配偶的"同种"和"质优"这两个标准通过性审美反映到择偶过程中来的。动物是在环境中生存进化的，所以我们通常会将环境看作是选择的媒介，环境使动物衍生出各种可供选择的目标特征，再被"适应性"选择，融入环境。举个例子，在许多哺乳动物中，低温（媒介）选择了较厚的皮毛（目标）。但请注意，这并不会让环境中进而出现更低的温度。然而，"性大脑"既是选择的目标，因为它需要随着选择（成为配偶）而进化，同时也是选择的媒介，因为它推动了异性性审美的进化。因此，性审美进化的一种方式，就是在追求者身上进化出符合选择者性审美的特征。这就是发生在南美泡蟾中的事情，雄性进化出了"咔咔"的鸣叫声，是为了利用蛙类听觉器官中早就存在的 BP 的最佳接收频率。这就是我们所说的"感官利用"。

我将在接下来的三章中回顾许多感官利用的例子。最著名的一个是亚历山德拉·巴索罗（Alexandra Basolo）在她还是研究生时做的新月鱼和剑尾鱼的研究[11]。这两种鱼在宠物商店都很常见。它们是近亲，却在一个特定的性特征上有所区别：雄剑尾鱼的尾巴像一把长剑，雌剑尾鱼往往喜欢雄剑尾鱼的这把"长剑"更长些。那新月鱼呢？新月鱼没有剑尾。但如果突然有一条雄新月鱼也长出一条剑尾来，雌新月鱼会如何选择呢？巴索洛为了回答这个问题真的给一条雄新月鱼加了一个塑料剑尾，然后让雌新月鱼在正常的雄新月鱼和加了塑料剑尾的雄新月鱼之间选择。结果雌新月鱼竟然更喜欢加了塑料剑尾的雄新月鱼。这就说明，尽管它们的雄性伴侣们并没有剑尾，雌新月鱼也拥有对剑尾的喜好，这个喜好是隐藏的。新月鱼和剑尾鱼彼此是近亲，这说明它们有一个共同的、离得很近的祖先。就像我之前在第二章中解释南美泡蟾的听觉系统和它们的"咔咔"声一样，巴索罗也用"进化原理的简约性"来回答了这个问题。巴索罗的结论是，新月鱼和剑尾鱼都从它们共同的祖先那儿遗传了对剑尾的喜好。所以，一旦她给雄新月鱼的尾巴也加了一把剑后，雌新月鱼就马上表达了自己对它的喜欢。巴索罗不需要在实验室里等待雌新月鱼进化形成出这种偏好，雄新月鱼也不需要进化出一条真正的剑尾才会被认为英俊帅气。拥有一条塑料剑尾的"他"俨然已经成为"他"周围姑娘们的心上人了。

隐藏的偏好常常潜伏在动物的性审美中，旁人无从得知，因为还没有特定的性特征让这些偏好表现出来。但是，这种特征一旦出现，无论是匹配还是利用了这种特殊的性审美，就会立刻被认为是性感的。在其他条件都相同的情况下，这个特征很快就会进化成为每个雄性的特征。关于性审美如何进化的问题在1990年之前都是茫然无解的，直到其他一些研究人员和我一起提出了这一理论。现在它已经被公认为是推动性审美进化的主要因素之一了。

现在看来，有剑尾的剑尾鱼和咔咔叫的南美泡蟾在类似物种的进化发展中是处于打前阵的物种，因为在相近的物种里只有它们获得了这些利于性交的特征。然而，也有另一种解释，这两个物种是保留了这些特征的最后武士。由于竞争压力，比方说被捕食的危险，这些特征几乎已经被淘汰了。在进化的舞台上，我们必须记住，它可以带来些什么，就可以拿走些什么。

＊ ＊ ＊

当雄性进化出一个"利用"了雌性的感觉系统以吸引雌性来交配的特征时，这个"利用"并不一定意味着雌性就因为这个选择而付出了代价。当雄性发出的信号能更好地匹配雌性神经系统的喜好时，这些信号往往也更容易被雌性察觉，因此雌性对配偶的选择就会更快、更有效。但由于繁殖场所同时又有正在"偷听"的捕食者和寄生虫存在，这里又是非常危险的地方。所以快点儿把事情搞定通常也意味着安全——能手脚麻利地做爱才是最安全的。通过感觉利用，雄性可进化形成更符合雌性偏好的性状，雌性选择者也从中获益。

有时，即使某些性状特征有助于性交，感觉利用也会对选择者带来负面影响。并且会产生显著的成本，但真正的成本必须在选择者的生活背景下才能算出来，而这时的成本往往并不像我们想象的那么昂贵。

一个很好的例子是植物和动物间的"性"。大多数的花儿用花蜜或花粉奖励给它们授粉、帮助繁殖的昆虫[12]。有一个例外是善于欺骗的兰花。这些兰花的策略是模仿雌蜂的轮廓和气味，来吸引感觉系统和神经通路已经进化成寻找这种形状和味道的雄蜂。雄蜂会试图与这些花交配，这样就会沾上一些花粉。最后，雄蜂终于意识到交配的对象并不是一只雌蜂，便只好飞走了。这只雄蜂还会被下一朵兰花蛊惑，这时它携带的花粉就会给这朵兰花授粉，同时还会从第二次认错的"雌蜂"上沾起更多的花粉，再传递给自己将要临幸的下一朵"骗子"兰花。最终它还是会找到一只雌蜂，虽然这是一个挺艰难的过程。乍看之下它浪费的时间实在是太多了。

为什么这只雄蜂会这么笨呢？要想能准确地回答这个问题，我们得将雄蜂被雌蜂吸引这件事当作一个信号检测的问题。动物（或者试图模仿某种动物的植物）会向外部释放一组刺激让对方判断自己是否为合适的配偶。在这种情况下，选择者动物可以做出两种正确的决定：接受这个适合的配偶，或者拒绝这个不适合的配偶。犯错也是必然的。在信号检测过程中存在两种错误：虚假警报（错误地识别了不适合的个体作为配偶），或者错漏（错误地拒绝了合适的配偶）。如果是你，你宁愿犯哪种错误呢？答案当然取决于每个错误的成本。如果可能的配偶遍地都是但与一朵花交配却成本高昂，那么就最好有一个对配偶的高识别阈值，即使这样会错过一些与真雌蜂交配的机会。但如果像兰花蜂一样很难找到交配对象，而且被一朵兰花色诱也没什么太大的代价，那就最好是降低这个接受阈值。当你最终遇到了一只雌蜂，你绝对不想错过它，就算被几朵兰花迷惑又如何呢？当我们第一次看到一只蜜蜂被一朵兰花吸引时，会觉得荒谬不已，但当我们全方位地了解蜜蜂的生活背景后，这个决定就是完全合理的。被花朵蛊惑的成本远低于由于对性审美过于挑剔而错过真正的雌蜂所带来的巨大代价。

最后，如果跟带有某个"感觉利用"特征的求爱者交配确实会导致选择者付出巨大代价，那么选择者就会进化形成对这个特征的新反应——大概就是没反应吧。也就是说，被其感觉利用的那个感觉偏差会在进化过程中发生变化，雌性可能会不得不放弃一些喜好，而转去发展一些新喜好，而这些新喜好能可靠地找出追求者的一些重要品质，也就是能成功增加后代数量的品质。

我们之前已经看到，选择与正确的物种交配是何等重要，这种重要性影响了同物种求爱者某些性状特征的进化。同时，如有一些特征能表明这一个体是"质优"的配偶，那么，我们预测在选择者选择配偶时，会进化形成对这些特征的偏好来。著名的社会生物学家阿莫茨·扎哈维（Amotz Zahavi）表示，那些求偶者付出高昂代价才能拥有的性特征，比如孔雀的尾巴，其实也证明了拥有它们的身体是如此强大，竟然能够承受这种累赘带来的障碍！[13] 如果追求者带着障碍生存下来这种特性可以遗传的话，那么它就会将这些基因传给它和伴侣的后代。而尾巴的长度对一个寻找"质优"配偶的雌性来说，就会是一个可靠的指征。我们将在第八章中讨论障碍原则的一些细微差别。

* * *

　　大脑可能是我们最重要的"性器官"，但它同时也有其他的事情需要考虑。大脑和感觉系统至关重要的功能就是检测环境和社会的各个方面，处理所有传入的数据，然后再做出适当的反应。大脑有优先处理一些事情的能力，在某些情况下，它必须先优化处理某个区域的一些任务，但这也会影响它在其他区域的表现。食物和性就是这个交互作用的一个好例子。

　　食物和性已经在我们的文化中交织了很长时间。晚餐通常被视为求爱仪式的一部分，生蚝和巧克力被认为有性暗示的属性，而樱桃则是处女的象征。我们甚至将性欲比作食欲。食物和性之间的联系在非人类的动物中则有些不同，而且它们之间的相互作用没有那么透明。比方说，在某些情况下，动物能看清楚东西的特性可以解释为眼睛是进化来寻找食物的。在灵长类动物中，对颜色的识别就被认为是为了寻找色彩鲜艳的成熟果实而进化而来的。如果我们的祖先只寻找各种灰色调的食物，那么雄猴对雌猴鲜红色屁股的反应、我们对红绿灯的警觉，以及杰克逊·波洛克[①]色彩四溅的滴色画都不可能发生了。在其他物种中，特别是在鱼类中，进化修正了视网膜光色素最敏感的波长，这种波长的光是水下生命的特征，有助于其发现食物。一些鱼偏爱雄性身上带有性意味的、明亮的颜色，仅是眼睛进化适合觅食之后的副产物。

[①] Jackson Pollock，抽象表现主义代表人物。——译者注

在接下来的三章中，我会探讨性审美是怎样被我们的视觉、听觉和嗅觉系统感受到的。对这每一种感觉，我会详细说明这些喜好通常是如何被首先进化成应对性以外的需求的。环境对我们感官进化的影响被称为感觉驱动。这是一个重要的过程，为整个动物界的性美学奠定了基础。

* * *

感觉驱动也可应用在一些高级的、不专属于某一种感觉的脑功能中，这时它成为了通用处理器，处理很多脑区中的某些或者全部感觉体验。这便是认知的过程，就像刚刚讨论过的处理感觉的过程一样，认知也会对个体的性审美产生重要影响，即使它们是在性的背景之外进化出来的。我现在将回顾其中三个过程，为以后的分析奠定基础。看看"习惯、归纳和比较法则"是如何成为性审美的重要组成部分的。

著名的棒球统计学家和政治民意测验专家纳特·西尔弗（Nate Silver）在他的著作《信号与噪声：我们如何区分它们？》中提出了一个基本问题[14]。为什么动物对区分信号和噪声如此擅长，可以轻松忽略噪声而只注意信号？在理想的情况下，刺激到达大脑之前，感觉器官会滤除很多噪声。但对于已经通过了感觉器官的噪声，大脑有一个很好的方法来处理它们：使之成为习惯。

对于海岸边的鸟类来说，倾听处理海浪拍岸的噪声是没有什么意义的；它们的大脑最好是用来专注于在海浪中寻找小鱼，或者寻找天上的鹰唳声。谁有时间浪费在噪声上呢，特别是这些声音还总是一模一样的？通常情况下，最好的办法就是忽略它，或者更具体地说，去习惯它。这样除了保存大脑的空间和时间外，也为大脑洞察周围发生的重要事件设定了门槛，因为它提醒我们事情已经有了变化。当我们走在一条嘈杂的街道上时，经过一段时间后，我们就感觉不到身旁沉闷的车流声了：我们对它已经习惯，声音不会再进入我们的大脑。这时如果有人开始吹他小号，我们就会立刻解除习惯化，打个激灵，开始警觉起来。习惯化及其反方面的去习惯化是生存的一个重要适应性。对生存更重要的是注意到捕食者踩碎树枝的声音，而不是风的声音。如上所述，进化过后的大脑能够分辨到底什么更重要一些。

习惯化才是不断重复的求偶行为中真正的问题所在，毕竟那些复杂的求爱方式似乎永远不会让选择者感到无聊。例如，夜莺可以在一夜之间唱超过一千首歌谣。它们是如何不让雌性昏昏欲睡呢？一个解决方案是，如果你必须一直不停地唱，至少应该改变旋律。在拟八哥①中，即使每只雄拟八哥在自然环境中只会唱一种求偶曲，它们的雌性仍然对人工合成的、由四种不同叫声组成的求爱情歌表现出高度的兴趣[15]。复杂性是无聊的最佳解药。在接下来的几章中，我们将看到，复杂性如何在植根于大多数感觉的性审美中发挥重要的作用。

* * *

我们如何审美的另一个认知过程是归纳。就像大脑生来就会找

---

① 墨西哥特有的一种拟黄鹂科鸟类。——译者注

到合适的配偶一样，强大的选择压力也迫使它对重复的个体和情况做出一个合理的回应。大脑是一个让人惊叹的器官，但它也没有办法洞察一切。所以这儿有一个重要的机制，让我们对遇到的新个体或者新情况做出合理的猜测。这就是归纳。

如果有个以前从未见过的个体出现，我们光从外表就可以轻而易举地判断它是人还是其他的灵长类动物，通常也知道它是雌是雄，年长还是年轻。这些判断是我们对物种、性别和文化的一个归纳。有时我们的概括是非常准确的，有时也可以错得离谱。但大体来说，归纳后的答案总是比随机的猜测要好。这些归纳可以为性审美的形成奠定基础。

有性繁殖所需的一项基本技能是将雌性和雄性区别开来。在许多动物中，这是后天习得的。比如在斑胸草雀中，学习如何区分性别会导致一些有趣的性吸引力上的偏好。每个动物的亲生父母都是一雌一雄。如果父母双方都参与抚养他们的后代，这就为后代提供了一个学习如何区分性别的好机会。一只斑胸草雀雏鸟会将母亲的橙色喙与"雌"联系起来，而将父亲的红喙与"雄"联系起来[16]。当它成年后，这只鸟就会将这一从父母身上习得的信息应用于识别所有其他的斑胸草雀。但是橙色调和红色调里包含着许多的颜色，其他斑胸草雀的"红"和"橙"并不一定和其父母的"红"和"橙"完全一致。斑胸草雀的大脑里并没有一张包含所有红色和橙色的渐变色卡，用来对照它所遇到的每只同伴，因此只能根据经验进行猜测。如果喙更偏橙色，那么这只斑胸草雀就可能是雌性，如果它更偏红色，那么就更可能是雄性。至于红和橙之间的中间色，就会容易出错。我们很快就能看到，这种归纳法不仅可以正确识别性别，还可以为两性间进化出极端色差的喙创造条件。

有时候，确定你不是谁，是更重要的一个问题。让我们来想象一下一只雄斑胸草雀正在相亲，"他"可以选择一只喙颜色与母亲最相似的斑胸草雀，也可以选择一只喙颜色与父亲最不同的斑胸草雀。找"妈妈"需要寻找特定色调的橙，而找"不是爸爸"却会带来对"橙色"更广泛的定义。这就是雄性斑胸草雀的选择[17]。这种现象被称为峰值位移①，它会导致动物进化出更为极端的特征——在这种情况下，我们应该把它称为"喙"值错位（"beak" shift displacement）吧。尽管除了喙的橙色调的色差之外，雌性斑胸草雀之间可能再没有其他的遗传差异了，但归纳法却还是引导进化出了更偏橙色的雌性喙，因为"她们"能更可靠地被识别为雌性，并且更符合雄性的性审美。

这种现象在人类中也能看出一丝痕迹。通常我们会认为那些具有更多男性特征的男人（比如宽肩和低沉的声音），和那些具有更多女性特征的女人（比方说更坚挺的乳房和沙漏身材）更有吸引力。所以归纳法和开放性的偏好是两种能够很好地解释动物如何进化出辨别细微性审美能力的心理学机制。

* * *

最后，我们来讨论对"刺激幅度"偏好的认知过程——韦伯定

---

① peak shift displacement，这是一个心理行为学上的概念，指的是动物对夸张刺激的反应较平和的训练刺激更大。——译者注

律（Weber's Law）。在人类和动物中，择偶者找配偶就像是在一个性市场中挑选货物，选择的一方总是会挑挑拣拣，货比三家。比较的对象，就是性特征的强度。数以百计的研究表明，雌性通常更喜欢雄性有：更明亮的颜色、更长的尾巴、更复杂的鸣叫，还有更大的角[18]。但这些特征到底要有多不同才会被认作是不同呢？更准确地说，我们是在用什么规则来评价刺激的强弱？了解大脑如何比较事物，可以帮助我们理解选择者是如何判断美的，甚至有可能存在一个简单的规则来解释这种偏好和它成立的范围。

人们对"多少"的评价往往是基于两者之间的比例而不是绝对差异。这是一个早期心理物理学家、德国科学家恩斯特·海因里希·韦伯（Ernst Heinrich Weber）在19世纪首次提出的[19]。如果我们几乎无法区别一磅和一磅一盎司（1磅约0.45千克，1盎司约28克），那么想要识别一百多磅和一百磅就需要一个比一盎司大得多的差异。

至少在一个物种中，韦伯定律可以作为一种"认知刹车"来减缓愈发夸张的性审美的进化[20]。如前一章所述，雌性南美泡蟾更喜欢与发出咔咔声较多的雄性交配。如果这种偏好是基于绝对差异的比较，那么咔咔声的总数就无关紧要，而只有两次咔咔叫之间的绝对差异与之相关。这样的话，在2次"咔咔"和1次"咔咔"，或者6次"咔咔"和5次"咔咔"之间，雌性选择2次或者6次的概率就应该相同。然而，如果雌泡蟾遵循韦伯定律的话，选择2次"咔咔"的概率就应该强于6次的概率。当卡琳·阿克雷（Karin Akre）、我，还有另一个团队分别给雌泡蟾听了几对包含不同数目的咔咔叫声（一声包含很多"咔咔"，一声只有很少的"咔咔"）后，发现雌泡蟾很明显是遵循韦伯定律的，"她们"是用比例而不是绝对差异来选择配偶[21]。由于雌性几乎无法分辨5个和6个"咔咔"之间的差异，雄泡蟾进化出更多声"咔咔"的压力就很小，因此进化出更多声"咔咔"的速度就会慢下来。

吃蛙的粗面蝠也被南美泡蟾的鸣叫声所吸引。像雌泡蟾一样，它更喜欢咔咔声多的那些雄泡蟾，但与雌泡蟾不同，粗面蝠在寻找的是晚餐，而不是配偶。我们对粗面蝠做了和在雌泡蟾身上相同的实验，让它们在一对数目不同的咔咔声之间做出选择。结果粗面蝠的选择也遵循韦伯定律。我们对这些结果的解释是，雌泡蟾比较咔咔声数目的方法实际是比较刺激幅度，这不是为了专门适应寻找配偶而进化出的技能，而是早在咔咔声穿透中美洲的热带雨林之前就已经进化形成了。

* * *

至此，我讨论了动物的大脑是如何进行性审美的，我们的审美又是如何被设计成帮助我们寻找优质配偶的工具，以及原本另司其职的大脑区域是如何感知美的。但重要的不仅仅是理解为什么我们会觉得一些人如此性感好看，还有为什么我们对他们会产生如此强烈的性欲。在日常语言中，我们将吸引力等同于喜欢，并且假设喜欢和渴望是一码事。但在这里是错误的。"渴望"从"喜欢"延伸而来，但又不是同义词。为了分清这两个概念，我们现在必须去大脑深处一探究竟，去发掘"快乐"是怎么一回事。

新奥尔良被人称为"大快活"，这个绰号将其轻松悠闲的生活方式与"大苹果"，也就是纽约的忙碌形成鲜明对比。还有什么能比按一个按钮就快感四溢来得更轻松呢？这听上去是一个颇为梦幻的想法，但20世纪50年代新奥尔良杜兰大学的精神病学家罗伯特·希思（Robert Heath）将这个幻想变成了现实[22]。希思在各种疾病患者的大脑"深处"植入了电极。当他刺激这些区域时，这些已经抑郁到成为紧张性精神病的患者居然笑了。随后，希斯让他的一些病人拥有控制自己快乐的权力——他把按钮交到了病人手里，这样他们就可以自行用电刺激自己大脑的享乐区域。结果有点儿惊人。一名患者在3小时的实验中刺激了自己1500次。然而，这位患者和所有其他人一样，他们在极乐世界的旅途终究是短暂的，当刺激停止时，他们的快感也就消失殆尽了。同时期里对大鼠的类似实验也显示了相近的结果，有些大鼠每小时能给自己1000次这种短暂的欢乐，甚至愿意用放弃进食来换取。

希思发现了大脑的快乐中心，并开创了一个呈指数级增长的研究领域。其中一个主要发现是与奖励中心相关的神经递质：多巴胺。多巴胺是一种作用类似于鸦片、海洛因、吗啡和可卡因的阿片类物质，所有这些物质都能与一种刺激多巴胺生成的受体结合——因此这种神经递质常与"性，毒品和摇滚"，以及其他一些让大脑多巴胺水平升高的放纵行为，比如赌博和暴饮暴食联系在一起。进一步的研究揭示了比最初的发现更多的细节和细微差别。我们现在知道这些奖励系统有两个组成部分，它们分别与"喜欢"和"渴望"有关。虽然多巴胺在大脑中具有许多功能，但这些功能中并没有"传递快乐"，这并不包括在"喜欢"里。就像肯特·贝里奇（Kent Berridge）

和他的同事们发现的一样，多巴胺用"显著的激励作用"（stamping-in incentive salience）来调控"渴望"[23]。我接下来会解释这是什么意思。

我们可以询问朋友是否喜欢某种食物，或者我们也可以直接从他们的面部表情得到答案。在梅格·瑞恩（Meg Ryan）和比利·克里斯托（Billy Crystal）的电影《当哈利遇到莎莉》（*When Harry Met Sally*）中，瑞恩饰演的角色在纽约著名的凯兹餐厅（Katz's Deli）用餐时假装了一个性高潮。而当她的假高潮结束时，邻桌的一位女士以为瑞恩的高潮与她吃的食物有关，于是便告诉服务员，"我要一份她点的餐"。好吧，想要知道别人对食物的反应并不那么容易，但这位女士已经猜得差不离了。我们在吃过不同口味的食物，比方说巧克力或发酸的牛奶，陈年佳酿或难以下咽的葡萄酒后，会有不同的面部反应。啮齿类动物也没什么差别。贝里奇就用老鼠吃过食物后的面部表情，具体说来，是老鼠尝到含糖食物时它们舔嘴唇和胡须的次数，作为它们是否喜欢这个食物的测量标准。

在一项经典实验中，研究者将安非他明注射到大脑中掌管多巴胺奖励系统的主要部位提高多巴胺的水平。这些"打了兴奋剂"的小鼠没有比正常小鼠对吃含糖食物显得更快乐，但它们愿意更努力地在滑轮上跑更长的时间去获取食物。另一方面，多巴胺缺乏的小鼠不愿意为获得食物去运动，对进食兴趣不大。但当它们被逼迫进食时，它们很明显还是对吃东西感到很开心。这项研究表明，多巴胺并没有参与"喜欢"，却参与了"渴望"的过程。这种区别也可以用来解释多巴胺在各种成瘾行为，比如毒品、性、赌博和进食中被广泛承认的作用。

我一直强调在我们认知美这个过程中产生重要影响的一些神经机制，比如感觉器官、整合各种感觉输入的大脑区域，以及分析这种感觉信息的认知过程。奖励系统则位于大脑的另一个区域，经过进化，它可以将即时的正向强化（positive reinforcement）和增强"达尔文适应性"的欲望这两个过程联系起来。它同时也是一个可以被利用的系统，特别是在有人特别渴望"被要"的情况下。事实上，2015年，萌芽制药公司(Sprout Pharmaceuticals)已经获得了美国食品药品监督管理局对氟班色林（Flibanserin）进行大规模推广的批准。这个药物能提高女性的性欲，即"渴望被要"的感觉。而这种感觉是高水平的多巴胺、去甲肾上腺素（多巴胺的近亲，同样可以增强"渴望"感）和低水平的抑制性欲的神经递质5-羟色胺共同完成的[24]。

* * *

　　现在我们已经对性大脑如何工作的基本原理有了一些了解，接下来我们将深入研究大脑是如何分别通过三个主要的感觉器官来感知美的。由于人类对自己"看见"的能力最为习惯，我们就先从视觉开始。如果我告诉你BC岛的热带雨林风景优美，你会假设我在讨论的是视觉特征，比如郁郁葱葱的绿色和斑驳的阳光，即使这里鸟类、昆虫和蛙的鸣叫声，鲜花和成熟水果的香气，都给这里的景观贡献了自己的力量。我们用视觉来认识、理解和评估事物的需要并不是独一无二的——许多动物都依赖视觉做出类似择偶这样的重要决定——因此视觉美在整个动物界中都很普遍。下个章节我将对一些经常被问到的问题，诸如，"她在他身上看到了啥？"提供一些我的看法。

第四章

视觉和美

如果眼为视而生，则美为美而在。

——R.W.爱默生（Ralph Waldo Emerson）

谁人乐队（The Who）在摇滚歌剧《汤米》中的主角汤米，在夏令营中要求仆从对他凝视、感受、抚摸、治疗[1]。这整个过程中最先调动的自然是视觉。虽然被赋予了各种感觉工具，但我们主要是视觉动物。我们对眼睛的感受是如此之深，甚至在与视觉毫无关系的俗语中用视觉来表达一些隐喻。"看见"是"理解"："你看见我的意思了吗？""他只见树木不见森林。""她看不清。"[①]

凡我们所见，颜色能让我们感到特别愉悦。有什么能让我像见到爱尔兰海岸上壮观的彩虹那样震撼呢？我们视觉的另一个重要属性是图案，这对我们欣赏诸如抽象表现主义这类的艺术尤其重要。在这一章我们首先会关注（又是一个利用视觉的俗语）视觉系统中对颜色和图案的偏好是如何在某些与性无关的方面被利用的。这将有助于我们研究这些颜色图案和其他视觉偏好如何影响了动物的性审美、怎样驱动性审美进化，有时甚至达到非常艺术化的极端。

让我们感到心旷神怡的美大部分都是鲜活跳跃的色彩，无论是梵高《鸢尾花》中的蓝和绿、瓦哈卡地毯编织者喜欢的红与黑、或是新英格兰秋天里让人惊艳的红、黄和橙的组合。虽然我知道一只雌格查尔鸟并不会完全体验到当我第一次看到雄格查尔鸟时的那种

---

① See 在英语里有理解的含义，这三句话的意思分别是：你懂我说的了吗？他只专注细节而忘了纵观全局。她过于生气、烦躁、虚弱，以致于无法像正常人一样。——译者注

兴奋感，但我俩都知道自己被浅绿、鲜红和亮蓝的拼贴画瞬间击中的快感。

我们来看看新世界吼猴[①]，这个在进化史上比格查尔鸟更接近人类的物种吧。吼猴的名字源于它那回荡在新世界猴聚居的热带丛林里，能传播相当远距离的嚎叫。吼猴的叫声可以被其他吼猴群的鸣叫声召唤出来。我女儿艾玛，有着能和它们一起二重唱的神奇能力，更奇怪的是，有时还能和雨季时穿透热带雨林的霹雳雷声一唱一和。这些吼猴非常适应嚎叫，可以在几千米外听到它们的声音，而能发出这样大的声音的部分原因，是因为它们能与在声带附近的空心骨产生共鸣[2]。吼猴的这根骨头比与其身形相似但不嚎叫的其他种的猴子大上25倍。放声嚎叫是这些吼猴唯一感兴趣的活动，但它们并不是精力充沛的动物。据著名探险家亚历山大·冯·洪堡（Alexander von Humboldt）说，"它们的眼睛、声音和步子里都充满了忧郁[3]"。虽然它们也吃水果，但我在巴拿马观察到的鬃毛吼猴总是吃叶子，我猜测它们的忧郁或嗜睡，是因为从叶子中摄入了大量用来防御食草动物的化学物质。尽管吼猴的嚎叫令人敬畏，它们的外表却无甚可畏。鬃毛吼猴的外表只有单一的黑色，而且没有任何变化。然而，它是在新世界猴中唯一的雌性和雄性都具有彩色视觉的哺乳动物。

视觉的感受是从眼睛开始的，准确地说，是从视网膜上的光感

[①] 新世界吼猴，也叫阔鼻小目，是产于中美洲与南美洲的四科灵长目动物。新世界猴与旧世界猴合称为猴。——译者注

受器开始的。我们有两类光感受器，视杆细胞和视锥细胞。视杆细胞让我们在弱光下也能看见，而视锥细胞则让我们看到色彩和其中蕴藏的美——没有视锥细胞，梵高的鸢尾花就会褪成浅灰色。我们不仅与吼猴，而且与大多数旧世界灵长类动物，包括我们最近的亲戚类人猿一起拥有看见颜色的能力。我们能看到色彩是因为我们的视锥细胞并不只有一种。不同的视锥细胞被不同波长的光激发，在我们眼里呈现出不同的颜色。我们不仅需要视锥细胞去感知颜色，而且至少需要3种不同类型，短波、中波和长波视锥细胞。这些视锥细胞分别对不同的颜色（也就是波长）敏感：蓝色（419 nm）、绿色（531 nm）和红色（558 nm）。大多数的哺乳动物是二色视动物，因此它们不具备真正的色觉，而且由于缺乏感受长波的视锥细胞，它们也无法区别红色和绿色之间的差异。而我们是三色视动物，这就意味着我们可以进入大多数其他哺乳动物都无法感受到的，生动的色彩世界。

跟今天的许多哺乳动物一样，我们远古的祖先更习惯在夜间活动，所以彩色视觉在哺乳动物中并不常见。因此，我们先假设包括红色、绿色以及所有由三原色组成的颜色在内的彩色视觉并没有什么优势。彩色，尤其是区分红绿色的视觉，对于吼猴和其他三色视觉灵长类动物来说，是重要的。当吼猴拖着笨重的身躯在树冠中寻找水果时，它是被绿色包围的。有人提出，吼猴和其他灵长类动物进化形成彩色视觉，是为了提高它们找到绿色背景中带有红色调的水果的能力[4]。此外，对于少数吃树叶的猴子来说，辨别出不同种类的树叶就变得尤其重要。新叶经常呈现红色，比老叶更有营养，所以拥有彩色视觉能够增强区分新叶和老叶的能力。因此，当你习惯于红灯停绿灯行时，完全应该归功于你整天觅食的灵长类祖先。而当我们被格查尔鸟羽毛的颜色或杰克逊·波洛克绘画中彼此纠缠的色滴迷住时，应当将这些乐趣归功于进化形成与审美毫无关系的光色素的猴子祖先。

最近，有人提出彩色视觉的另一个潜在优势是它推动了灵长类动物进化形成三色视觉。这可以说是个挺激进的想法了，甚至达尔文都花了很多时间去研究。在达尔文有关动物行为的专著《人类与动物的感情表达》中，他讨论了一个最为"特殊的"人类行为[5]。你猜他发现人的哪种特征最为特殊？语言、使用工具、暴饮暴食，还是饮用其他动物的奶？都不是，答案是脸红。和卢·里德（Lou Reed）与地下丝绒乐队合唱的歌曲《甜美的简》(Sweet Jane) 中的说法相反，我们都会脸红[①][6]。里德先生和达尔文在这儿讨论的都是同一个问题，但是小孩并不是唯一会脸红的动物——不要再被讨厌的妈妈们骗了。

达尔文利用自己广泛的社会-科学领域的社交资源收集了有关"脸红"的数据。他的采访对象们告诉他，尽管儿童比成人、女性比男性更容易脸红。婴儿期以后，所有年龄段的人，不论性别、文化、地区，都能在颈部和面部出现一阵阵红潮。但红潮的范围也有例外。达尔文的一些医生朋友们告诉他，有些女人的"脸红"范围能一直延伸到乳房。达尔文指出，脸红与某些情绪状态有关，比方说羞耻和尴尬，而且最关键的是，我们对此无法控制。脸红似乎是一

---

① Sweet Jane 中唱到，... the children are the only ones who blush... ——译者注

个非常重要的暗示，人们可能会认为我们的视觉甚至会进化出专门的适应性来发现它，就像吼猴找到水果一样。

理论神经科学家马克·钦吉齐（Mark Changizi）在《视觉革命》一书中说到，人类的彩色视觉给了我们一个观察人情绪状态的窗口，这里他说的"观察"既是书面，也是隐喻[7]。他用了一个数学模型来比较视锥细胞因看到脸红时的颜色变化而做出的调整。这两者间有着很强的对应关系。他总结说，我们的光感受器应该会调整到让我们非常善于发现脸红的状态。钦吉齐又进一步推理，事实上，灵长类动物进化出彩色视觉是为了发现由于血液循环的变化带来的肤色的轻微变化，而这可能是对社交状况做出的一些情绪反应，也可能是由于其他过程，比如运动，带来的生理反应。当我和钦吉齐在比利时召开的"感觉利用和文化吸引大会"上相遇时，他进一步解释说，他有一间被叫作2AI Labs的公司正在开发能够实时检测皮肤颜色变化的设备，而皮肤颜色的这些变化低于我们自己能够检测到的脸红的最低阈值。我们都擅长于从别人脸上读出他们的情绪，但如果能从别人脸上读出那些更加细微的颜色变化，我们就可以将那些平时被外表隐藏的情绪发掘出来。

色彩只是我们包括性场景在内的视觉场景中的一个方面，另一方面是图案。有一些动物的视觉系统对某些形状更敏感，会产生不同的反应。在神经行为学家乔-彼得·埃默里（Jörg-Peter Ewert）进行的经典实验中，蟾蜍会跳向一条简单的水平线，因为这条线在它前面好像一条恰好路过的蠕虫。但如果当这只蟾蜍面对的是同一条线，只不过这时垂直于自己时，它则会低下头，埋藏住自己的恐惧，因为此时这条线就像一条准备攻击的蛇[8]。而后续的一些研究则详细说明了视觉系统引起这些不同行为的原理。大卫·休伯（David Hubel）和T.N.威塞尔（Torsten Wiesel）将视觉识别图案的研究推向了新的高度，因此在1981年获得了诺贝尔奖。他们研究了猫的视觉系统，并发现猫的大脑中有一些独立的细胞对面向不同方向的图形有反应[9]。猫的图案识别系统有一个特殊的优点，它能让猫对物体的边缘非常敏感，而这能防止它们从悬崖上坠落。这些对视觉场景的研究和许多其他的研究分析表明，正如视网膜并不对所有的波长具有相同的敏感度，视觉系统也不对所有的图案同样敏感。

我们假设包括人类在内的所有动物都会对自然界中影响生存的图案敏感。比如此时，你正在看着人类最需要识别的重要图案——书面语言中文字的形状。但是书写在人类种系的进化史中出现得相对较晚，远在我们的大脑进化形成对周围视觉场景的敏感性之后。这是否意味着大脑对视觉图案的敏感性不会偏向我们文字的形状呢？并不见得。钦吉齐和他的同事们提出了这样的论点，即文字的形状应该是从视觉场景中最常见的图案中提取出来的，因为我们的大脑对这些图案更为敏感。他们检查了多种语言的字母后，发现并不是所有可能的形状都被用来当作字母，而其中有些形状比其他形状更有可能被使用。那些最常用的字母，如大写或小写的字母T，是我们周围自然场景中最常见的形状。实际上，在他们调查过的93个口语/书写系统中，平均每个字符的笔画（形状）数为3，这与自然视觉场景中的平均值非常接近。而语言系统包含多少个字母则无关紧要，不论是有10个字母的曼吉安语、古木基文、阿拉伯语，还是超过150个字母的德内语和国际音标。如果需要，语言会用不同的笔画来创造新的字母，而不会给每个字母再添加更多的笔画。然而，最引人注目的结果是，当研究者用图表比较人类视觉符号中的19个结构与自然场景中的相似图案各自出现的频率时，它们之间几乎是完美呼应。例如，形状 T 和 L 在字母表和自然界中都最常见，而星号（*）在符号和自然场景中都是最不常见的一个。钦吉齐认为，视觉系统和字母被互相协调过。文化使字母匹配了视觉大脑，视觉大脑已经被调整到对自己所居住的自然场景十分熟悉的地步了。虽然用文字来写情书这项迷人的工作与性审美没有直接的密切关系，但这是一个好例子，表明信号利用大脑中已经存在的偏好进化是普遍现象。

* * *

在本书中，我们关注的是如何理解动物，也包括人类的性审美。而在某个平行宇宙中，学者们一直在问一个类似的问题：是什么让我们能欣赏艺术，尤其是绘画？每个领域的圣杯都是一个简单的预测，或是一个被看作美妙无比的方程式。大卫·罗森堡（David Rothenberg）在关于进化与艺术的著作《美的生存》中讲到，艺术的方程式于 1933 年由乔治·伯克霍夫（George Birkhoff）提出：$M = O / C$，式中 M 代表美的测量，O 是阶数，C 是复杂度 [10]。毫不奇怪，这个等式并没有引起艺术的范式转变，它对艺术家如何将画笔放到画布上丝毫没有影响，也没有影响那些欣赏艺术的人的审美偏好。我也可以向你保证没有一个简单的方程式可以用来描述动物的审美。

动物性审美的细节之所以难以预测是因为不同物种的大脑差异，甚至同一物种不同个体间的大脑差异，都会给性审美带来无数种特殊的变化，它们推动了性审美的多样性。然而，不同物种和不同感觉之间也存在着一些普遍规则，即对更大和更复杂特征的偏好。依赖相同感觉器官的动物中也存在着一些我们能够辨识的规律，例如，鱼眼中最敏感的光感受器通常可以预测选择配偶过程中她最喜欢的颜色，蛙内耳的最佳接收频率可以预测雌蛙认为最具吸引力的鸣叫音高。但是，如同人类的审美一样，没有一个简单的方程式可以解释动物性审美的多样性，以及由此而来的性审美。相反，我们需要了解选择者的大脑是如何感知性特征的，不仅仅是那些已经存在的特征，还有那些可能存在的特征。也就是说，我们需要查明那些隐藏的偏好。

纵览自然界中性审美的多样性，我们看到的是那些久经考验、有足够强吸引力并且可以经代代相传的基因组保存下来的特征。我们没能看到的，是那些试图变得更美的特征坟墓，那些由基因突变带来的特征让动物变得更丑，而不是更加性感。我的一些研究说明，在某些物种中存在着一些当前并不存在的、还隐藏着的性特征。性审美的进化在每个物种中都是正在进行的实验，新兴的求爱的方式不断地产生，然后交由选择者去评审，他们会迅速地将其中的大多数特征投进历史的垃圾箱中。而那些通过了审判的新尝试，那些正好符合隐藏性偏好的特征，就像是中了进化彩票的大奖。在下一段中，我们将看到鱼类缤纷的颜色是如何产生的。

* * *

如果我告诉你世界上最有活力的森林在加利福尼亚州，你可能会理所当然地以为我说的是红杉。那你就错了。我说的森林在水下。加利福尼亚沿海水域的海带森林极具规模甚至会与附近的红杉竞争，在生态生产力方面超过红杉。几年前，我和鱼类生物学家们一起参观了这片森林。莫莉·康姆明斯（Molly Cummings）如今已是动物视觉进化方面的专家，当时还是博士生的她邀请吉尔·罗森塔尔（Gil Rosenthal）、英格·施吕普（Ingo Schlupp）和我去加州蒙特里蒙特雷海岸的研究点参观。莫莉工作地的海带森林由长长的绿叶藻组成。那天整个森林都在跟着海潮一起汹涌澎湃地来回摇摆，我们几乎没有人能让早餐在胃里存住。但是森林里令人惊叹的光照却让我们在它面前彻底折服。

光可以被环境中的小颗粒散射开，这会给光照复杂的环境带来深远的影响。彩虹就是当水滴折射不同波长的光线时产生的，这也是为什么彩虹在爱尔兰水汽迷蒙的石楠花地区如此普遍的原因[1]。海带森林中的光线折射产生了像万花筒似的变幻莫测的环境光。在开放水域靠近水面的地方，我们被明亮的蓝色包围，而在水下只深一点点的地方则带有明显的红色。再往深走，我们就在绿光的世界里了。在那里，我们有很多动物陪伴，其中包括我们感兴趣的动物——海鲫鱼。它们是生活在海带森林里的居民，不同种的海鲫鱼就住在森林里不同的光照环境下。虽然这些鱼都吃类似的食物，但它们必须在不同的光照背景下找到猎物。在背景下找到目标的方法一般有两种：一种是比较目标和背景的颜色，另一种是比较目标和背景的亮度。目标与背景的反差越大，就越容易找到目标。视觉生

---

① 石楠花地区指的是爱尔兰西岸梅奥郡西部，那里石楠花非常普遍。——译者注

态学中用烦琐的术语描述这些探测目标的策略，但我只用颜色和亮度来说明。寻找猎物的策略在不同的光环境下略有不同，莫莉发现有些物种的光感受器可以被调整到最大限度地提高目标–背景的颜色对比度，而其他物种的光感受器则被调整到可以最大限度地提高亮度对比度[11]。

这与性交又有什么关系呢？这时轮到雄性进场了。找到配偶的第一步就是被雌性看到。求爱的颜色，是随着雄鱼与雌鱼的交流而进化的，就像一棵树如果倒在茫茫林海里就从来不会被看见一样，雄性的美丽衣裳如果不能被雌性看到的话，一切的努力都是徒劳——对比度在这时就显得尤其重要。雄鱼在背景中如何让自己的信号最大化以对抗背景中的视觉干扰——是增强颜色对比度还是亮度对比度呢？这取决于雌鱼用来寻找猎物的策略。使用颜色对比捕猎的物种，雄性进化形成最大限度地提高自己和雌性的颜色对比度而不是亮度对比度来求爱。相反，使用亮度对比觅食的物种，雄性进化形成与雌性相比亮差最大的求偶性状，而完全放弃颜色对比度的性状。这个极佳的例子说明了视觉觅食的系统中，自然选择如何影响了"性大脑"的审美，而这个审美观又如何反过来推动了性审美的进化。

如上所述，颜色只是与视觉有关的物体的一个属性，另一个属性是图案。自然界中一些图案是静态的，如某些种类的海鲫鱼身上的条纹还有我们前面讨论过的字母。还有很多图案则是动态的。现在就让我们来看看视觉的动态特性怎样影响动态求爱图案被认定是性感漂亮的。这一次呢，雌性是追求者，而雄性是选择者。

视觉的一大功能就是告诉你前方是什么样子，特别是当你对世界的感知是连续而不是跳跃的时候。视觉系统中用于感知运动的关键参数称为"闪光融合临界频率"。光刺激频率超过这个频率，看上去就是稳定光源。电影和电视都是用连续快速播放一系列的静止图像来实现人们对持续运动的感知。人的闪光融合临界阈值为每秒16次（或者说叫赫兹，Hz）。电影通常以24 Hz录制，电视则通常是25或30 Hz，这个频率高于我们的闪光融合临界阈值。如果图像的更替在闪光融合临界频率以下，就像一些老旧的电影和动画，画面会让人感觉跳跃而不够连续。

　　让我们再回到性的话题。虽然所有的昆虫都是用眼睛观察前方为何，但有些昆虫也用眼睛选择配偶。雄性的豹纹蝶就是一例，这种蝴蝶同时还是一个雌性追求雄性的例子。雌性豹纹蝶保持身体不动，用拍动翅膀来吸引雄性。她们拍得越快，对雄性的吸引力就越大。一般情况下，雌豹纹蝶拍动翅膀的频率约为10 Hz。20世纪中叶，德国生物学家马格努斯（D.E.B. Magnus）发明了一种机器，可以模仿雌蝶用任何速度拍动翅膀[12]。最后他发现翅膀拍动的速度越快越好，因为相对于稍慢些的8 Hz，雄性更喜欢10 Hz的翅膀拍动速度。如果10 Hz比8 Hz更性感，那么12 Hz会更性感些么？如果答案是肯定的，那用20 Hz的速度拍动翅膀又会怎样呢？

　　这儿产生的一个相关问题是为什么雌蝶不把翅膀拍动得更快些？有两种可能的解释。一种是雄性对速度的喜好没有超过10 Hz，也许更快的拍动速度跟10 Hz的吸引力差不多，甚至是弱一些。另一种可能性是雌性的拍动速度受到翅膀构造的限制。为了更深入地研究这个问题，马格努斯将他的拍动机器拨到最高档让它飞快地拍打。他发现，雄蝶还是喜欢更快些的拍动速度，即使这个速度已经成为了超自然现象，也就是说，已经比通常能在自然界中发现的速度更快了。这个结论至少在某个限度内是真的，而且这个限度非常高：140 Hz。人类和蝴蝶一样可以感知出 10 Hz 的拍动速度，因为这个速度低于我们的闪光融合临界频率。如果马格努斯用人类测试翅膀拍动速度，我们的上限大概会是 16 Hz，而 18 Hz 和 25 Hz 在我们看来就几乎是一样的了，这两个速度都高于我们的闪光融合临界频率，所以拍动着的翅膀将被我们看成一个连续运动。昆虫一般具有比我们更高的闪光融合临界频率，因为它们在环境内活动的速度更快并且需要感知到环境里光线流动的细节。你能猜出雄性豹纹蝶的闪光融合临界频率吗？答对了，140 Hz！

马格努斯关于翅膀拍动速度的研究告诉大家，雄豹纹蝶对于翅膀拍动速度这个性吸引特征的接受度是非常宽容的：只要作为选择者的雄性能看到，这个求爱动作越快越好。140 Hz 这个速度限制不是由性选择决定的，相反，它是"自然选择"偏向于选择一个能够检测到环境内快速活动的视觉检测系统的结果。由于闪光融合临界率如此之高，选择者的某些性偏好早就已经到位，即使追求者暂时还没有性状与之相配。但是，如果有一个大突变可以重新设计蝴蝶的飞行动力学原理，使其能够以更快的速度拍动翅膀，那么那些能更快拍动翅膀的蝴蝶就会有立竿见影的优势。选择者并不需要进化出一个新的、喜欢翅膀更快拍动的偏好，这个偏好早就已经存在了。

我们可以用汽车和限速来做类比，不过这个过程是相反的。今天大多数汽车都可以轻松超过道路上的大多数或者是全部的限速了。如果可以的话，当前的工程技术可以将汽车设计得更快——看看赛车就知道了。但是速度限制让汽车的高速性能变得毫无用处。所以在我们看到限速大幅提升之前，我们不用指望汽车的行驶速度大幅提升。然而，在蝴蝶的例子中，约束是相反的。翅膀拍动的速度限制为 140 Hz，比蝴蝶实际可达到的速度高出一个数量级。就好像假如高速公路的限速比任何一辆汽车快得多，那么我们就有理由认为这会导致汽车行业的工程创新。因此，我们可以看到蝴蝶系统已经随时准备好接受工程创新以增快翅膀拍动速度了。而这个创新并没发生说明了系统存在着其他的限制，可能是一些非常基本的生物力学特性在阻碍着它的发生。

* * *

我们一直在讨论一些基本的视觉处理过程，颜色、亮度、图案和运动等，是如何推动着美的进化。接下来我们将讨论一些高级视觉处理过程中出现的偏好，它们在动物和人类由视觉参与的性审美过程中同样重要。

在第三章中，我们研究了两个可以影响性审美的认知过程：韦伯定律和峰值位移。韦伯定律是说对性状数量的判定是由性状间的比例而非绝对差异决定的。因此，随着性状变得越来越大，如孔雀的尾巴，那么两条尾巴间的差异就需要更大一些才能被感觉到。因此，韦伯定律可能会对"越大越美"的进化趋势来一脚"认知刹车"：如果一个性状的进化趋势越来越大，那么只大一点点的那一个就不太容易被雌性接受。

另一个关于美如何进化的认知推动因素是峰值位移。我们回顾了斑胸草雀是如何用自己父母喙的颜色来学习辨识性别，红色是雄性，橙色是雌性，还有峰值位移如何偏好相同性别中差别最大的性状——雄性更喜欢与自己父亲的喙颜色差别最大，因此也最有可能是雌性的喙颜色。峰值位移可以产生开放式的偏好，并且更倾向于一些超常态的性状，类似于我们刚才在豹纹蝶中看到的那样，雄蝴蝶喜欢的翅膀拍动速度远远超过了雌性能力之所及，雄斑胸草雀更喜欢的橙色喙雌性可能永远也长不出来。尽管通过学习，这些动物的偏好发生了峰值位移，并且产生了对超常刺激的偏好，但这并不意味着所有的超常偏好都是由峰值位移引起的。例如，蝴蝶开放式的喜好就跟学习没什么关系，而是与视觉神经元的刺激频率有关。不论什么原因，动物对超常刺激的偏好都是进化形成更大、更亮、更快等特征的重要驱动因素。现在我们来看一个十分有说服力的例子。

我曾经和我的同事梅林·塔特尔一起在肯尼亚研究"心鼻蝠"（*Cardioderma cor*）。和粗面蝠一样，这种蝙蝠吃蛙。但我发现，它的听觉系统没有像粗面蝠一样，进化出用蛙叫进行定位的能力。在那次旅行中，我们有两次差点丢掉性命——一次是遇到强盗，一次是遇到大象。这些故事被梅林详细叙述在《蝙蝠的秘密生活：我在世界上被误解最深的哺乳动物中的探险》里[13]。而对我更有价值的一个遭遇则发生在一块高地上。在那里我发现了一个一定是每天都与死神擦肩而过的动物。有一只鸟从我眼前高高的草场上方划过，只比草高出一点儿。在我能看清楚之前，整个景象让人无比困惑。这只鸟很小，身上几乎全黑。两翅展开也差不多只有12厘米长，身后却有一团大出许多的东西跟着，得有半米长吧。而当我最终看清时，发现那只鸟后面跟着的东西竟然是它的尾巴，比身体长好几倍。这是一只寡妇鸟。

没多大一会儿，我就明白这只鸟是如何得了这个名字。有一次我在收音机里听一场棒球比赛，投手突然投了一个快球，几乎就要打到击球手的头。解说员当时说这个投手是个"寡妇制造者"，背后的含义再明显不过了。这个名字还有一个更悲惨的应用，在北爱尔兰的北爱问题期间（1968—1998）①，临时爱尔兰共和军选的武器是 Armalite 18，这是一种最初为美国陆军设计的高效杀戮武器。当它落入军火贩子手中后，就被起了个绰号叫"寡妇制造者"。看到这只鸟飞行时负重的样子，我确信这条长在这只小鸟身上的长尾巴也是一个"寡妇制造者"，它剩下的日子很明显已经屈指可数了。这个装饰却不是一个"鳏夫制造者"，因为只有雄鸟才长这么长的尾巴。关于这一切，荷兰医生和自然主义者彼得·博达尔特（Pieter Boddaert）一定非常清楚，是他在1783年给这个物种命名为寡妇鸟。

寡妇鸟的尾巴确实引人注目，它是为了追求"多一些，再多一

---

① 北爱问题，是指由 19 世纪 60 年代至 90 年代末在北爱尔兰的长期暴力活动，是持续不断在爱尔兰发生的周期性暴力冲突，该冲突在由英国和爱尔兰政府于 1998 年 4 月 10 日签订北爱和平协议后中止。——译者注

些，更多一些"的性审美进化而成的。这正是马耳他·安德森（Malte Andersson）在证明性选择的一个权威实验中得出的结论[14]。安德森1994年著有经典的《性选择》[15]一书，他在寡妇鸟的著名栖息地，位于内罗毕以北约100千米处的基翁戈普高原上，通过计算雄性寡妇鸟在其领地上的巢穴数量来测量他们的交配成功率。他试图找到每只雄鸟尾巴的长度和其交配成功率之间的关系。为此，安德森做了一个"剪切-粘贴"的实验。在第一组实验中，他切掉了一些雄寡妇鸟的尾巴让它们变短一些，然后将这些切掉的尾巴粘在第二组雄寡妇鸟的尾巴上，让它们拥有超长或超"常"的尾巴。第三组是对照组：他切掉了一些雄鸟的一部分尾巴，但是又将它们原封不动地粘回去。接下来的一个月，安德森再次测量了每个雄性的交配成功率，并将其与这些雄性实验前的数值进行比较。最后的结果是，具有超"常"尾巴的雄性交配成功率上升，对照组的雄性没有什么变化，而尾巴缩短的雄性交配成功率则会降低一些。安德森的实验表明，对超"常"尾部的开放式偏好推动了尾巴长度的进化，还有，虽然这一点还没有得到证实，但看上去死亡很可能减缓了尾巴长度的进化，因为越来越长的尾巴只会创造出更多的寡妇。

当然，不是所有的偏好都是开放性的，有一些则显示出了明显的规律。

* * *

与许多职业一样，科学家们也有自己或小或大的聚会。例如，我参加的"冬季动物行为大会"只限30名参与者，而"神经科学学会"的年会通常会涌现三万人。无论规模大小，这些会议都是在成果发表前了解突破性研究的好地方。1991年，在日本京都就召开了一个这样的会议。那次，两位著名的行为生态学家兰迪·霍恩希尔（Randy Thornhill）和安德斯·穆勒（Anders Møller）给我讲了他们关于美的进化中"波动不对称性"的激进想法。我们和大多数其他动物都是双侧对称的。如果我们在身体中间划一条线，我们的左右两侧大致是相同的，如手臂、腿和手指的长度。当然也有例外。雄招潮蟹就有一个非常大的螯和一个较小些的螯[①]，这一属的雄性动物，不论是左螯大还是右螯大，只要它们属于同一个物种，大的就是同一边的螯。（想象动物的整个身体都不对称是挺困难的，这儿有一个暗示，帮你想出其中一种动物：想想你在淋浴和水槽中使用的同名清洁用品。）对称性的大多数例外，都是被称作波动性不对称（Fluctuating Asymmetries）的小偏差，它们发生在左侧或右侧的概率是相似的。当动物在发育期间受到压力时，它们会有更大的波动性不对称。霍恩希尔和穆勒的想法是，具有优越生存基因的动物具有缓解发育压力的能力，所以比在相同压力下发育的不那么有天赋的个体拥有更低的波动不对称性。并且，他们预测，雌性应该优先选择更加对称的雄性，和它们携带的好基因[16]。

性选择和波动性不对称的想法带动了大量研究，以探讨对称性是否是性吸引力的关键因素，如果是，原因又是什么？第一个问题的答案是肯定的，它是许多物种，特别是鸟类和人类性审美的标准。例如，穆勒进行了一项类似于寡妇鸟中"剪切-粘贴"的研究，但

---

① 螯，螃蟹等节肢动物变形的第一对脚，形状像钳子。——译者注

是他改变的是燕子羽毛的对称性[17]。正如他预测的那样，雌燕子更喜欢对称的雄燕子。霍恩希尔和他的同事发现，对称性的偏好也会影响人类对性审美的看法。大量研究已经表明，我们往往更容易被更对称的面孔所吸引，而且霍恩希尔甚至发现，相比那些长得有点歪的男性，女性与更对称的伴侣性交会产生更多次的性高潮。当然，在讨论美的时候，审美人的眼睛也是各有千秋，也有其他研究发现，人类有时会觉得不对称的脸比对称的脸更有吸引力。在动物中也有例外，我研究蟋蟀蛙时发现，对称与否在吸引力方面的影响微乎其微[18]。如果对配偶对称性的偏好在一个分类群中是普遍的（这是很大概率的"如果"），好的基因是否是这种偏好的唯一解释呢？也就是说，选择者对求爱者对称性的偏好是因为它们的基因优势吗？又或者，这种偏好的原因还有其他解释？

在第二章中，我演示了雌性南美泡蟾对"咔咔"声的数目的偏好如何用韦伯定律来解释。这儿有两个假设可以解释为什么雌泡蟾会偏好这种特殊的模式。第一个假设是，这种偏好在雌泡蟾中进化形成是因为咔咔声的数目表明了雄性质量的好坏。第二个假设是，这个偏好源自感觉或者认知上的偏见——大脑就是这么工作的，没必要用性选择来解释这种偏好。事实上，粗面蝠偏好咔咔声的数目也遵循韦伯定律这个事实同样支持了认知偏见的假设。在对称性偏好的讨论中也出现了类似的声音：它们的出现是否也是为了获得优秀的雄性，还是更普遍的感觉或认知偏见的结果？

有一个可以用认知偏见来解释动物对对称性偏好的论点，它可以发生在与性无关的各种行为中。比如我们在某些艺术、建筑、室内设计、鲜花、宠物还有面孔的选择上都有向往对称的偏好。相比较不对称的图案，蜜蜂特别擅长学习对称的图案，它们更喜欢向有对称花瓣的花朵授粉[19]。事实上，即便是鸡也喜欢对称的人脸，而不是不对称的人脸。鸡和人对于对称性不同的人脸的偏好，其相关性为98%！那么问题又来了，如果存在着认知偏见，这些偏见又从何而来？

这个认知偏见的问题最先不是通过研究鸟或人类中的对称性，而是通过研究电脑的对称性来解决的。这里的"大脑"是人工神经网络（ANNS）。这些网络由计算单元组成，它们像神经元一样运作，并连接到模仿神经系统的网络中。和神经系统一样，刺激可以进入系统，而系统的另一端则会输出"神经"反应。这些模型具有广泛的应用，包括模式识别、股票市场预测和交通管理。我和我的同事史蒂夫·菲尔普斯（Steve Phelps）用它们对大脑进化进行了建模[20]。人工神经网络给出了在认知偏见中可能出现对称性偏好的至关重要的提醒。

安乐尼·阿拉克（Antony Arak）和马格努斯·恩奎斯特（Magnus Enquist），两位生物学家训练人工神经网络识别不对称的物体。他们首先微调了人工神经网络中各个神经元的动态参数，直到它们对用作训练的不对称物体的输出反应最大为止[21]。一旦人工神经网络完成训练，它们就会被出示对或不对称的新物体。结果，神经网络对对称物体表现出了更大的反应，即便它们是被训练成喜欢不对称的物体。这就意味着，至少在人工神经网络中，偏好新的、对称的特征可以从学习其他类型的不对称特征中进化而来，这也支持了对称偏好可能来自认知偏见的观点。

与穆勒合著了《不对称性，发展的稳定性和进化》一书的约翰·斯瓦德尔（John Swaddle）[22]，曾在我工作的得克萨斯大学奥斯汀分校的系里做过一个报告，报告题目跟对称毫无关系——噪声污染如何影响鸟类。但他仍然密切关注着对称的世界。午餐时，斯瓦德尔令人信服地提出了一个观点，对称性偏好是我们如何感知形状的一个副产品，他对椋鸟的研究显示出与人工神经网络相同的结果：对称性偏好的出现是一种普通学习现象的衍生物。但这又是为什么呢？

这种偏好的例子来自于"原型形成"的理论。大意是，一堆随机的非对称图案的平均图案是对称的。我们大多数人的一条腿都比另一条腿略长，但由于左腿较长或者右腿较长的概率是相似的，所以腿长的平均差异非常接近零。当我们想象一个不认识的人，我们会想象他或她的两条腿是一样长的。因此，用不对称物体训练而在脑中产生的图像，或者叫"原型"，是这些物体的平均值，而它们是对称的。经过学习，对称的物体与它的原型最为匹配。这可以解释在人工神经网络实验中关于椋鸟和鸡观察到的结果。这样看来，动物对对称性特征的偏好很可能与追求者的良好基因无关，而更多地与选择者的大脑如何工作有关。

偏爱对称是有可能为选择者带来更好的基因的，即使这并不是这些偏好进化出来的真正原因。正如霍恩希尔和穆勒所说，对称的动物可能在基因上更优越，特别是在大致的健康程度和有无活力方面。从理论上讲，偏爱对称可以通过给予选择者更健康的后代而传递优良基因。然而，不论偏爱对称是否有利于交配过程中的选择者，这些喜好还是推动进化形成了对称的特征，它们仍然属于选择者性审美的一部分，即便这个结果是偶然产生的。在这个例子里，我们再一次地看到"性大脑"审美的有些部分可能最初并不与性有关。

＊　＊　＊

我们常常认为容貌是天生的。这么说来，天生丽质就是中了一张基因彩票，而失败者就几乎无法改变命运了。卡梅伦·罗素（Cameron Russell）是一位高级时装模特，她的漂亮脸庞让她登上了《时尚》杂志封面，也为她出现在维多利亚的秘密和香奈儿的秀场铺平了道路。但罗素却宣称，一个人的外貌并不能说明什么，她因为批评媒体让许多年轻女性对自己的形象产生困扰而成为了"模特界的叛徒"。在一个点击数极高的TED演讲中，罗素给观众看了几组自己同一时期的照片，在这些照片中，她从一个看上去清纯无辜的少女陡然变成了一个性感的荡妇。"我希望现在从你眼中看到的并不仅仅是我的照片。而是一个建筑工程——由一群专业人士，发型师、化妆师、摄影师和造型师以及他们所有的助手一起在工地建造的大厦……这并不是我[23]。"在我看来，这位女士抗议得有些用力过猛，因为罗素自己也承认，她确实赢得了基因的彩票。但她也确实被进一步改造成了更漂亮、有性魅力又光彩照人的女人。正因为这样，她得到了超乎我们大多数人想象的钱财。从这个意义上讲，她在以性为主的动物群体中并不是例外，很多动物能够改善它们天生的美貌。

理查德·道金斯（Richard Dawkins）写了20世纪最重要的生物学著作之一——《自私的基因》，在书中他为我们提供了一种"以基因为中心"的进化观：基因才是永生的复制器，而承载基因的个体只是一些朝生暮死、在一代代的生物中运输基因的工具[24]。在这本书之后，他的另一本书《延伸的表现型》成为了他的另一项重要贡献[25]。这本书的主要论点是，基因决定了我们的身体结构、物理构成和我们的表现型，但我们的表现型却会超出我们身体的范围，其中有我们对身体的改变，以及我们积累的钱财和资源。

自然界没有什么力量能像"增强性审美"一样延伸生物体的表现型。我们自己就是最好的例子。我们都拥一些让我们更加性感的表型组合。一个头发健康、轮廓分明的男人，如果钻进兰博基尼或者炫耀他的牛群时，会看起来更加性感。对于某些男人来说，一个漂亮的女人如果掏出一副阅读眼镜戴上时，会更具吸引力，因为他们认为除了有撩人的身体外，她还拥有高超的智慧。为了给自己未来的伴侣做宣传，我们会通过得到一些增强我们性吸引力的附件，在人类中通常是钱能买到的东西，来增强我们的性魅力。这些附件成为了我们的一部分。动物也不例外。

让自己变美的一种方式是装饰我们周围的环境。"来，看看我家里的版画"这句话可能在古老的洞穴壁画时代就存在了。艺术似乎是人类的标志性特征，因为它说明这个人已经占有了过量的基础资源，所以他或者她才有闲暇去获得更多的东西。我拥有的艺术品越多、越昂贵，你就越能笃定地认为我的财富源源不绝……你也想要一点么？在这里，传递信息的媒介是艺术的成本而非艺术本身。

出于同样的原因，动物也喜欢装饰。其中一种超群的动物艺术家是园丁鸟。尽管"自然选择理论"的共同发现者阿尔弗雷德·华莱士（Alfred Wallace）对园丁鸟提供了最早的科学描述[26]，但却是普利策奖得主、进化生物学家和地理学家、畅销书《枪炮，病菌与钢铁》(Guns, Germs, and Steel) [27]作者贾里德·戴蒙德（Jared Diamond）将这些鸟儿们的"艺术品"带进了现代科学的视野。他在《第三只黑猩猩》(The Third Chimpanzee) 一书中描述了他和园丁鸟最初的相遇。他这么写道："那天早上我从一个新几内亚的村庄出发，那里有圆形的小木屋，整齐排列的花朵，人们戴着装饰用的小珠子，还有孩子们模仿父亲的样子带着小弓箭。突然，我在丛林中遇到了一个4英尺（1英尺约0.305米）高，直径8英尺，编织精美的圆形小屋，门前的走道大到一个孩子能钻进去坐下。小屋门口是一片绿色的苔藓，除了摆放的数百种天然物品作为装饰品外，拾掇无遗[28]。"

这不是孩子们的游戏房，这是一只雄性园丁鸟的"洞房"、求偶亭。世界上有20种园丁鸟，在所有这些物种中，都是由雄性来建"洞房"，然后再用鲜花、石头、贝壳和人造物体来装饰它们。有些园丁鸟甚至用压碎的浆果汁当染料来染它们的屋子。这些求偶亭的唯一功能就是作为一个由雄性创造出来，展示给雌性看，并以此吸引她们的环境。它不是一个巢，也没有避风港的功能。这是一个求爱者用扩展他们表现型的办法为"性"服务的一个有趣的例子。

戴蒙德曾经见过褐色园丁鸟的求偶亭。这个物种用各种颜色的水果、花儿和蝴蝶翅膀装饰"洞房"。只需要用几个简单的实验，戴蒙德就能够窥视园丁鸟对装饰的审美观了。首先，他试图移动由雄性搭造的求偶亭内的装饰，然后发现雄性园丁鸟总是把它们移回原来的位置。他随后又发现，如果把筹码牌放在一只雄性园丁鸟的求偶亭附近，他就会把筹码牌叼来装饰自己的求偶亭，但对使用哪种颜色的筹码十分挑剔。一般说来，他们不喜欢白色而喜欢蓝色的筹码，尽管不同的雄性喜欢的颜色略有不同。有时，当戴蒙德将筹码放到一只雄性的求偶亭时，邻近的其他雄性会将筹码偷走来装饰自己的求偶亭。雄性园丁鸟装饰求偶亭的唯一目的就是吸引雌性，而雌性喜欢那些拥有更多装饰品的雄鸟，不同种的雌园丁鸟通常喜欢不同的颜色。难怪戴蒙德会说："这些鸟儿可以建造出一个看起来像是娃娃房的小屋，它们可以这样艺术地摆放鲜花、树叶和蘑菇，如果被错当成是马蒂斯（Matisse）要来搭自己的画架也完全可以被原谅了。"

只有人类才能创造比园丁鸟的求偶亭更加精致的结构。园丁鸟有一个大脑袋，不同品种的园丁鸟，它们头脑的大小与所建求偶亭的复杂性呈正相关，而著名神经科学家莱尼·戴（Laney Day）说过："求偶亭的复杂程度可以从简单的由树叶装饰的剧场式圆形结构，一直到用枝条或草搭起的包含无数彩色装饰的复杂构造。"一些研究者指出，一只雄性园丁鸟在装饰上的细节——比如它们有多罕见——就是在向雌性展示它们的脑能力。而其他人，比如约阿·麦登（Joah Madden）和凯特·坦纳（Kate Tanner），则认为雄性使用不同装饰是在利用雌性的"感觉偏好"[29]。求偶亭的装饰颜色影响雄性对雌性的吸引力，从而也影响了雄性的交配成功率。研究者测试了这样一个假设：这些交配偏好与觅食偏好是相吻合的，这与本章前面讨论的海鲫鱼的例子有些相似。在研究者测试过的两个物种中，雌性越是喜欢吃葡萄，这个物种的雄性在自己求偶亭上装饰葡萄的可能性就越大。正如麦登自己也承认，并不是每个人都同意他们的发现——科学家们对园丁鸟为什么以及如何做的观点甚至比园丁鸟求偶亭的多样性还多。对园丁鸟的深入了解仍在进行中。最近的一个显著进展是，一些雄性园丁鸟会使用一种足以让沃尔特·迪斯尼也感到自豪的感官幻觉。

我曾经提到，当戴蒙德试图移动褐色园丁鸟的装饰时，雄园丁鸟总是会将它们重新摆放到原来的位置。我们在装饰墙面时，也不会随随便便就把一幅画挂在墙上，但这些鸟的装饰又为什么在位置的选择上这样挑剔呢？就像字母和对称性一样，我们对图案的偏好与对图案的感觉紧密相关。那些小心翼翼地摆放在求偶亭周围的装饰品大小并不一样，位置也随着距离雄性求偶时的表演区域远近而有变化。装饰物投射到雌性视网膜上的图像大小取决于这个装饰物的大小和它与雌性的距离。雌园丁鸟和我们大多数人一样，可以自行校准物体的大小和距离。但正如我们马上就要看到的那样，雄性可以操控雌性的校准步骤，以便使自己看起来更好一些。是的，现在看起来有点云里雾里，且听我慢慢道来。

一般情况下，远些的物体看起来会更小，因为它们在我们的视网膜上形成较小的视角。我们的视觉系统"非常清楚"这种设计，所以我们可以在不知道与物体之间距离的情况下，给物体的大小做一个非常准确的评估。这时请想象一下，如果我们的大脑无法给物体的大小做出准确评估，你可能会认为桌上的咖啡杯确实比背景中隐约可见的市区的高楼大厦更大。你也可能不会被看起来像是地平线上一个小斑点儿的那只灰熊所吓倒，如果它靠近了，你把它碾压在脚底就好。当然，如果它真的靠近，那就太晚了，因为实际上它比一个小斑点大得多的多。我们知道对物体大小的感知会随着距离而变化，我们并不会被愚弄，至少不会一直被愚弄。

　　艺术家利用我们对距离和大小的联合感知，操纵我们看到的东西。霍比特人和矮人在电影中似乎是与其他个头更大的角色站在一起，但实际上他们只是比其他人站得更远些，这样就能使自己看起来更小。在迪士尼神奇王国的辛德瑞拉城堡里，我们找到了与园丁鸟相关的例子。如果建筑物中的窗户都具有相同的真实尺寸，则较高楼层的窗户看起来小些，因为它们离得比较远。我们的大脑可以自行对图像的大小／距离效应进行补偿，从而让我们对建筑物的高度进行合理评估。但沃尔特叔叔把我们给骗了。较高楼层的窗户比下面的窗户小些，因此它们看起来比实际距离更远，所以城堡在我们的大脑中变得更高。这被称为"强制透视"。迪士尼非常聪明，但请记住，园丁鸟的脑袋也挺大的。

　　约翰·恩德勒（John Endler）是最具创造力的进化生物学家之一。他的职业生涯专注于特立尼达岛（Trinidad，是特立尼达和多巴哥两主岛中较大者，位于西印度群岛最西南部，距南美洲大陆委内瑞拉海岸仅 11 千米）上孔雀鱼色彩的进化。最近，他和他的同事们发现了大园丁鸟如何利用这种"强制透视"的技巧[30]。与褐色园丁鸟一样，雄性的大园丁鸟对它如何摆放装饰物，比如贝壳和骨头等，非常讲究。雄性大园丁鸟在建造求偶亭的同时还会铺一条长长的"大道"。当雌性走进大道时，在这个最佳位置上，它们会看到雄性在它的求偶亭前舞蹈。雄性以一定的顺序排列装饰物，使它们随着距离"大道"入口越来越远而逐渐变大，这样一来，当摆放的物体越来越靠近求偶亭时也就会变得越来越大。这种摆放方式产生了一种与灰姑娘的辛德瑞拉城堡相反的强制透视，使得求偶亭看起来比实际上要小些。我们无法用园丁鸟的眼睛和大脑来看这条"大道"，但根据恩德勒和他的同事们猜测，得益于这种特殊的装饰布局，雌性在一个被误认为小小的求偶亭前看到了一个大到夸张得吓人的雄性大园丁鸟。因此无论这只雄性大园丁鸟究竟有多大，它都会通过构建这种感知幻觉而让自己显得更大。和褐色园丁鸟一样，大园丁鸟也会在研究者移动了它们的装饰物后再将它们摆回原来的位置。

园丁鸟并不是唯一为"性"装饰的动物。一些非洲慈鲷鱼也会在沙子中搭造火山形状的"凉亭"，直径可达3米之长。就像园丁鸟的求偶亭一样，雄性非洲慈鲷鱼的凉亭也让它们看上去更加性感。其他的慈鲷鱼会用蜗牛壳装饰它们的领土，但与园丁鸟不同，蜗牛壳具有更实用的功能，因为这是雌慈鲷鱼产卵的地方。雄性领土上的蜗牛壳越多，它交配的雌性就越多。但有另一个奇怪的例子，雄性穗鹃，会在它的配偶开始下蛋之前带石头回到它的巢中。石头并不会吸引雌穗鹃，因为这时它已经在那儿了。通常，一只40克的穗鹃一星期会往巢里带回一到两千克的石头——这个重量是它体重的50倍。这些石头没有什么直接的用途，研究者认为，就像在健身房里举铁的人一样，这些雄鸟这么做是在向雌性炫耀自己的肌肉力量。在最后一个例子中，许多招潮蟹会先垒一个土柱，然后在它的前面来回挥动它们的大爪子。考虑到螃蟹眼睛中视觉感受器的分布，土柱的垂直结构尤其容易被检测到。虽然在许多情况下我们并不知道这些性表型的延伸如何与"性大脑"互动，但我的猜测是它们受到了对感觉和认知偏好的重要影响，而这些偏好帮助选择者形成了它们的性审美。

* * *

现在神经美学成为一门新的研究人类如何用视觉审美的学科。在数不胜数的领域，比如艺术、自然风光，当然还有性审美，人类进化形成了良好的视觉审美。我们对性状的视觉感受如何与我们的"性大脑"一起引发对美的感知呢？视觉神经美学会问大脑为什么会喜欢它所看到的东西。正如认知神经科学家安扬·查特吉（Anjan Chatterjee）所指出的那样，视觉处理可以分为三大类：早期、中期和后期。早期视觉处理从视觉环境中提取简单元素，如颜色和亮度，就像本章前面提到的海鲫鱼一样。中期处理将这些元素分离成若干连贯的区域，而后期处理则决定了是哪些区域引起了我们的注意[31]。在园丁鸟中出现的"强制透视"就是在后期处理阶段出现的。

我们的视觉审美会受每一类视觉处理影响，处理过程中的偏好可能是受了文化的影响，也可能是大脑的硬件决定的。我们更偏爱对称脸，却可能并不是受文化体验影响的结果，查特吉说，因为这种偏好在不同文化中都有出现。此外，婴儿的行为，虽然理论上仍然可能受文化影响，也表明了对对称性的强烈偏爱：在出生后的一周之内，婴儿更喜欢看对称的面孔。而到6个月大时，他们会主动与更漂亮的面孔互动。正如我们在其他动物的对称偏好中所看到的那样，视觉系统的某些基本特性似乎使"性大脑"向对称的偏好倾斜。燕子对尾巴对称的偏好，鱼类对条纹对称的偏好，以及我们对艺术和面部对称性的偏好，都可能源自于相同的视觉工作原理。

有许多基于不同文化的审美范例。例如，达尔文说过，人类肤色的不同源自于由文化衍生的对特定肤色的配偶的偏好。同样，对头发颜色、发型、整体形态和腰臀比的偏好都被认为是由当地文化所塑造的。先天－后天（遗传－环境）的辩论，基因与经验的重要性，在生物学中不再是一个有趣的问题。大多数的特征似乎都受到基因和环境共同的影响，可以是DNA序列的差异、基因表达的调控，也可以是生物体周围环境的影响，不论是体内还是体外的环境。性状特征不会因为是"先天"或"后天"得到而不同，而在于先天和后天因素相互作用的程度。不管你在辩论中为哪一方站台——在社会科学中，这仍是一个激烈讨论的话题——对于美如何根据"性大脑"进化的议题几乎没有什么影响。无论求爱时颜色的偏好是来自于决定光感受器颜色敏感度的视蛋白序列，比如说海鲫鱼，还是从父母的喙颜色中学习来的，比如说斑胸草雀，是这些偏好推动了求爱者颜色的进化。

我们对美的认知受到了感觉系统的强烈影响，虽然它并不属于感觉系统。正如第一章所说的那样，"性大脑"涉及大脑中所有接受周围世界中性审美相关信息的神经区域。这些神经区域对信息分析、整合，最后做出"什么是美"的决定。人类美学研究中超越动物美学研究的一个领域是，利用神经成像技术确定各种刺激视觉的方式，不论是抽象艺术或是性感图片，是否可以提高大脑中的多巴胺奖励系统协调"喜爱和想要"（liking and wanting）。关于这个，我们会在下一章中详细说明。

对人类的大量研究表明，观察漂亮有吸引力的图片，不论是面部的还是整个身体的，都会刺激与奖励系统相关的大脑区域。但是，当我们看到性感的图片时，我们不仅是感到高兴，还会感到渴望。大脑的奖励机制是将快乐与欲望联系在一起的地方。我们不仅仅是喜欢，还想要得到。这个系统也是被一些药物、食物和赌博所劫持的系统，它可以将一些基本的乐趣转化为让人无法自拔的成瘾反应。我们将在第八章中访问情爱天堂时再进一步剖析。神经美学有很大的希望可以通过不仅仅是回答"为什么性特征具有吸引力"，还有"为什么我们如此渴望它们"，来解释我们的性审美。性欲才是我们性审美的基础。

神经美学的研究通常收集受试者对视觉图像的反应，而不是对好听的声音或好闻的气味的反应。我们在性方面的很多感受都是通过眼睛获得的。但我们也会聆听、抚摸和嗅闻来评估性审美。许多动物都能更多地利用视觉以外的感觉方式。接下来，请将我们的眼睛和耳朵转向那些更关心伴侣的声音，而不是外貌协会的动物们吧。

第五章

性的声音

歌曲不是某种符号，而是为了表达感情。歌曲种类繁多不是为了表达不同的感情，而是为了让听者保持兴趣。

——彼特·玛勒（Peter Marler 1928—2014，美国动物行为学家，致力于研究鸟类的叫声）

海伦·凯勒曾说过，失明将人与物分开，但失聪使人与人隔离[1]。当然，在聋人群体中并没有人彼此孤立，因此他们强烈地反对凯勒这个武断的言论。但是不同的感觉用不同的方式了解世界是毋庸置疑的，利用不同感觉器官感知的世界会有完全不同的质感。看到的景象是一个，听到的声音是另外一个。性的声音不仅限于人类卧室的喘息和呻吟，也是动物和人类求爱活动的一个主体。鸟儿、蛙和蟋蟀的鸣叫声，红鹿的咆哮声，鼓鱼的敲鼓声，甚至人类音乐的一大部分都与性爱有关。

我们在第二章中讨论过，地球上6000个品种的蛙中，绝大部分都有属于自己物种的为交配服务的蛙叫声。研究者发现，雌蛙几乎永远都对自己物种，而不是其他种类的蛙叫声更有兴趣。而当研究人员更深入了解之后，他们发现，与环境中闯入的其他物种的蛙相比，雌蛙的大脑被改造成更易被同物种的雄蛙鸣叫声吸引。从温带的春季或热带的雨季开始，通常就会有成千上万的雄性蛙和蟾蜍，像火山爆发一样唱出他们自己物种的情歌，试图以此来吸引雌性。这正是我们1990年去巴拿马西部山区的云雾森林时，不管是白天黑夜，都充盈于耳的声音。在福图纳（Fortuna）附近，有一种昼行的蛙类，哥斯达黎加小丑蟾蜍（Atelopus varius），它黑色的身体上闪烁着亮绿色的图案。这种蟾蜍对我们耳朵和眼睛的刺激都很显著，它会蹲在高山上飞流直下的瀑布旁，那块被冰冷的水花快速敲打着的岩石上，唱出短而刺耳的哨音。蛙类在白天鸣叫求偶并不常见，但也不算罕见。这些蟾蜍却很不寻常，因为它们没有耳朵，或者说至少没有外耳，只有头部外侧的耳膜。小丑蟾蜍也没有连接外耳和内耳的中耳骨。因为这些听觉上的挑战，我和我的两个朋友，沃尔特·威尔钦斯基和斯坦利·兰德，非常想知道这些蟾蜍到底能否听见声音，如果可以的话，它们能否用自己近乎残疾的听觉系统找到鸣叫声的来源？

福图纳的小丑蟾蜍非常常见，我们不得不在溯溪时特别小心不要踩到它们。我们对小丑蟾蜍寻找声音来源的行为做了一个实验，在溪流中放了一只播放着雄性入侵者叫声的音箱，希望这些叫声可以诱发小丑蟾蜍搏斗的欲望，然后看看这些蟾蜍是否能找到声音的来源。长话短说吧，小丑蟾蜍确实能够找到叫声的源位置，但我们的实验却一丁点儿也不能告诉我们它们是如何做到的。我们的实验极其失败，但我们在夜间却得到了一些灵感。当时我们被数百只大约十几种蛙类的交配小夜曲包围着，我们知道这些其他物种的蛙是可以听到声音的，就是用普通蛙类耳朵的老办法来听。当下我们决定必须先重新想想对这些"无耳蛙"的研究方法，再重回福图纳，深入研究小丑蟾蜍的听觉机制。

那一天再也不会来了。斯坦利·兰德2005年去世了，同时离开世界的还有巴拿马西部山区几乎所有的蛙类。它们遇到了两栖类的死神"壶菌"，一种让全世界的蛙大量死亡甚至灭绝的真菌。当被告知我们的研究者已经没办法在福图纳找到一只蛙时，我完全无法相信。我和两个朋友，托尼·亚历山大（Tony Alexander）和史蒂夫·菲尔普斯(Steve Phelps)，一起去了福图纳，想要亲自去看看、听听，去找那些蛙儿们。我们在雨林里找了几天几夜，夜晚小雨淅沥，白天云雾缭绕，这都是蛙儿们最喜欢的环境啊。我们在森林震耳欲聋的沉默里侧耳倾听。总共，我们听到了一只蛙发出的一声"呱"。当我们循着声音找到那只蛙时，感觉就像是我们正在凝视这个世界上最孤独的动物。很不幸的，这就是瑞秋·卡森（Rachel Carson）在《寂静的春天》中预示的那种灾难，也正是这本书帮助启蒙了环境保护运动[2]。

从那时起，壶菌病就开始从巴拿马西部的山区蔓延过巴拿马运河，开始往南美洲行进。最近，我和我的研究生索菲亚·罗德里格斯（Sofia Rodriguez）发现，即使是在达连隘口深处的南美泡蟾，那是一个似乎远离任何可能传播壶菌的道路的原始雨林，现在也已经被感染上了这种真菌[3]。南美泡蟾和其他一些低地蛙类似乎对真菌有一定的抵抗力，虽然壶菌会让泡蟾变得虚弱些，但似乎并没有造成种群的灭绝。这可能是因为南美泡蟾的栖息地在低洼处，那里的高温不适合真菌的生长传播。还有一种解释是，雄泡蟾可能在无意中对壶菌感染状况进行了某种宣传，而雌性可以辨别这些信息。索菲亚发现，感染了壶菌的雄性与未感染的雄性鸣叫声有些不同[4]。她随后测试了雌性对这两种情况的雄性鸣叫声的偏好。相较于感染了壶菌的雄泡蟾，雌性显然更喜欢健康雄性的叫声。虽然我对我最喜欢的蛙能在遭壶菌袭击后继续活下去而感到高兴，但是，对于这种由一种微生物就带来的生物多样性的巨大损失，我的伤心无可慰藉。

请原谅我的离题，但这是一本关于真实的动物的书，这些动物中有一些也真真切切地面临着生存的问题，而不仅仅只是找到性伙伴那么简单。从现在开始，我们将深入讨论这些动物对各种可爱声音的性审美。

＊ ＊ ＊

"听"是一门了不起的功夫，"看"也是如此，但它们却截然不同。当我们说话时，会首先振动喉部两个长度不到两厘米的声带，声带振动导致喉部周围气压的变化，这个气压的变化还受到喉咙共振频率的调节。当波动的气体离开我们的身体时，还会再进一步经过舌头和嘴唇的调整。当一个词从我们的口中蹦出时，会改变我们周围的气压，让空气中分子变得更紧密，然后再松散开来，最终赋予这个声音某种意义。我们声带发出的声压变化最终会到达听者的头部——那些我们想要操纵其行为的人的头部。当听到我们的声音后，他们的耳朵可能不会直接灼伤，但他们的耳膜会因为响应这些压力变化而振动。鼓膜的振动会继而使一串中耳的耳骨振动。耳骨的一端固定在鼓膜内侧，另一端则固定在内耳上，这些摇摆的骨头会让内耳中的液体晃动。当液体晃动时，内耳中的听毛细胞，也就是听觉神经元，会被激发，然后将神经反应传递给掌管听觉的脑区，在那里神经信息还会被再次对细节进行处理。如果这些声音跟性有关，听觉系统会将这些神经反应传递给"性大脑"。这里我省掉了一些细节，不过请注意，不同动物间的"听觉故事"也有许多变化。但你应该已经大致可以给听觉系统画个草稿了，或者至少是"录"了个音频。

我们稍微想想就知道听力是多么奇妙。先想象一下你被蒙了眼睛，然后将手放在池塘静止的水面上，这时有人往里投了一块石头。你一定能感觉到发生了什么，因为水面突然荡漾起来。如果你的感觉足够敏锐，甚至可以猜出石块的大小，至少能分辨出它是一块鹅卵石还是一块大石头。但你永远猜不出它的颜色、温度，或者是谁投的。荡漾的水面能告诉你的并不多。但如果我振动喉部的这两个小声带，我引起的气压波动就能告诉你很多事情了。而且除了这些我本就打算让你知道的信息，你还能轻松猜出我的性别、体格和年龄。同时，通过我的摇晃拥抱，我还可以诱导你的情绪——开心、生气抑或害怕。同时，也能让你想接近我，逃避我，或是攻击我……当然也可能是其他人。

在本章中，我们将看到求爱者如何仅仅通过发出声音，就能将自己的身份对选择者广而告之，比如物种，也能告诉选择者自己的长相，年轻还是年老，健康还是体弱。我们还将看到这些声音如何得以深入选择者的大脑之中，用最有效的方式影响选择者的注意力、动机、荷尔蒙水平、奖励系统，以及她对配偶最终的选择。

* * *

对于选择者来说，与自己的物种，"同物种"交配是多么重要的一件事，因为与"异种"交配，一般来说是一种浪费的行为。我们可以想象得出，实际上我们也的确发现，这种对同物种的需求导致求爱者不断进化自己的性特征，让选择者识别他们是谁，以及让选择者进化形成感知上的偏好，使得同种的求爱者对自己更有吸引力。因此，大脑在这儿是"听觉大脑"，会将来自"同物种"情歌的各个特征进化融入自己的性审美中。我们人类和雌金丝雀都会觉得雄金丝雀的情歌迷人动听，但我们也非常肯定地知道知更鸟和火鸡，当然还有蟋蟀和青蛙，对这些声音没有任何感觉。关于选择者大脑对声音的审美如何偏向自己物种的歌手，有很多不尽相同的细节。例如，我们讨论过的南美泡蟾，是从调整内耳的最佳接收频率开始的，而蟋蟀胸腔中的听觉神经对自己啰啰叫的节奏更为敏感，而在鸟类中，对同物种声音的偏好绝少来自周围神经系统，比如内耳，而是来自大脑内的不同区域。大脑有很多办法使自己更加偏好来自本物种的声音。

一旦大脑被设定成识别同物种的情歌，有些情歌就会比其他歌谣更好地匹配此物种对声音的感知。求爱者的健康状况、资源或者基因可能并没有什么差异，但其中某些求爱者可能恰好更符合选择者的审美，跟其他性竞争者比起来，听上去更像是金丝雀该有的声音。这些求爱者就会拥有更多交配对象，因为——并且只是因为——它们拥有性审美。

声音的不同不仅存在于物种之间，而且同一物种的不同种群之间也可能存在实质性的差异。我的朋友，埃迪·约翰逊（Eddie Johnson），在爱达荷州任教，离他在纽约布鲁克林的出生地十分遥远。尽管已经离开布鲁克林多年，但埃迪的口音仍然和"鲍尔瑞男孩（Bowery Boys）"①一模一样。没人会认错他口音的来源，除了系

---

①Bowery Boys 原指 19 世纪纽约的一个提倡本土文化、反天主教、反爱尔兰的团体。这里用来代指纽约土著。——译者注

里的一个小秘书。有一年我在那里讲课，这位小秘书告诉我系里找了这样一个有严重语言障碍的人来当老师，她感到十分遗憾。在她眼里，英语似乎就只有一种口音而已，并且就是她自己说的那一种！她完全不知道在戏剧《卖花女》还有根据它改编的电影《窈窕淑女》中，亨利·希金斯（Henry Higgins）博士能够根据口音或方言以惊人的准确性判断任何一个英国人的祖籍。

动物也有类似的方言差异，尤其是鸣禽。之前讨论过的金丝雀和斑胸草雀只是5000多种鸣禽中的两种。和蛙类一样，不同物种的鸣禽有不同的叫声，与蛙类不一样的是，鸣禽的叫声是在幼年时向自己的父亲或者邻居学习来的。有一些鸣禽成年后再也学不会另一个音符，而另外一些鸟儿则能够年复一年地拉长自己的歌唱清单。不过，没有一种动物，可以完美地学习一项技能，无论它是鸟还是野兽。一只雄鸟长大后与自己父亲的唱歌方式略有不同是很常见的，几代过后，这些差异就会累积起来。最终，比如白冠麻雀吧，一群白冠麻雀与另一群白冠麻雀听起来就会有些不同。对的，它们也有方言。不过这跟性有关系吗？看起来的确有关系，因为不仅雄鸟在幼巢中就开始学习怎么唱歌，雌幼鸟也会学习辨别哪些歌才是动听有魅力的。有许多研究，特别是那些对白冠麻雀的研究表明，雌鸟更喜欢听当地方言演唱的民谣。

人类也有许多偏爱某些方言的故事，尽管这个喜好并不总是偏向当地方言。我知道很多美国南部的女性会觉得某些新泽西人像"黑道家族"那样的方言相当难听，而我认识的很多新泽西男性则会融化在南方美女慢悠悠拖着尾音的语调里。在鸟类和人类中，对方言的偏好并不与任何性选择者的功利性利益联系在一起，即使这些好处我们能轻松想到。例如，一些人认为鸟儿的方言代表它们最适应当地的环境，所以把这些环境当作栖息地的雌性就更喜欢那些说本地方言的雄性。这个假设是合乎逻辑的，但却没有什么充分的数据表明它符合"生物性"，意思是说它的确会在自然界中发生。这可能仅仅是选择者更喜欢自己熟悉些的东西，当然也可能是更喜欢某些稀奇古怪的东西。

我们的方言不仅暗示着我们家乡的地理位置，还暗示着我们的社会阶层。看看下面这个句子，其中只有一个括号中和括号前的单词不同：

杰克在学校门口等（den）校车。

杰克玩（sua）了一天球已经很累了。

他有点担心会在校车上睡（sui）着了坐过站。[①]

在上面的每个句子中，括号中的同义词都通常与较低的社会经济地位相关。当来自安大略省的年轻女性听到同样年纪的苏格兰男性读这些句子时，这些女性会敏锐地察觉到他们的社会地位，并发现"标准"的英语更具吸引力。当女性找对象时，她们需要的是资源，来自麦克马斯特大学和麻省理工学院的吉里安·奥康纳（Jillian O'Connor）和她的同事甚至认为，还有什么比一个人的口音更能预测资源呢？[5]

----

① 原文中括号里的是苏格兰口音。——译者注

* * *

当然，对于人类以及大多数的其他动物来说，在配偶选择上，最常见的不是在物种之间或者说不同方言的求爱者之间的选择，而是同一物种中来自同一地方的求爱者之间的选择。雌性并不会轻易被魅惑，如果雄性希望找到一个交配对象的话，那么雄性就必须在雌性前的电台广告中坚持不懈地努力。许多鸣禽、蟋蟀和蛙每天都要鸣叫数千次以试图说服和引诱雌性。这些行为是需要付出昂贵代价的：鸣叫时，氧气消耗的速度和肌肉中的乳酸浓度都会大大增加。在某些物种中，雄性会在奋力鸣叫数天后，体重降低，压力激素陡增，而睾丸激素却降低，这就迫使雄性必须休息几天来补充它们的能量。这个鸣叫的能量成本的目的就应该是在性市场中淘汰生病的和比较不健康的雄性了。

用鸣叫声将自己的性欲望告之天下还有另外一个成本，就是给了窃听者机会。窃听者到处都是，这些捕食或寄生动物用偷听他人谈话的方式来给自己找到一顿晚餐或寄主。我在前面已经讨论过一个窃听专家，吃蛙的粗面蝠。然而，最优秀的窃听动物是一种称为奥米亚（Ormia）的寄生蝇。这些苍蝇进化形成了非常复杂的听觉系统，能听到蟋蟀的嚁嚁声，这也将奥米亚蝇和所有的其他昆虫区别开来。奥米亚蝇的雌性会把蟋蟀当作寄主，让幼虫在它们身上发育成熟。一只雌奥米亚蝇在一只雄蟋蟀身上停下，幼虫从母亲身上爬下来，然后它们就开始在雄蟋蟀的身体内挖洞。幼虫一边发育，一边从里向外地侵食这只蟋蟀，最终让它命归西天。奥米亚蝇像魔鬼一样首先在蟋蟀用来鸣叫的肌肉上享用大餐，这就顿时让这只蟋蟀哑口无声。这样做就让它再不会吸引更多的奥米亚幼虫来跟自己竞争了。奥米亚蝇大约在100年前入侵了夏威夷岛，而当地的蟋蟀则付出了惨痛的代价。马琳·祖克（Marlene Zuk）和她的同事发现，在夏威夷的考艾岛，这种寄生虫病已促使蟋蟀进化形成终极对策，沉默[6]。雄蟋蟀是通过揉搓他们的翅膀发声的，当一只翅膀上的挫刀，刮在另一只翅膀上时，就会发出"喔喔"的叫声。考艾岛上让蟋蟀无法鸣叫的突变使蟋蟀的翅膀形状发生了一些变化，长成了"扁翅膀"，而"扁翅膀"的雄蟋蟀无法鸣叫，所以如果他们想要交配的话，必须中途拦截穿过自己领地的雌性。有趣的是，这种沉默的扁翅膀突变蟋蟀最近也出现在了附近的瓦胡岛上。看上去似乎是突变蟋蟀跳到了另一个岛上，但事实并非如此。纳坦·贝利（Nathan Bailey）和他的同事已经证明，两个岛上让蟋蟀产生扁平翅膀的突变基因是不一样的。[7]

　　避免被捕食和寄生的能力则是另一个过滤的过程，将性市场中的雄性限制在更健康，或者隐藏更深的个体范围内。在大多数情况下，我们并不知道能鸣叫，同时又能避开捕食者和寄生虫的雄性是不是携带了一些好基因，还是运气奇佳而已。在夏威夷蟋蟀这个例子上，我们却知道是一个幸运的突变让它们离开了鸣叫比赛的现场。

　　选择者可以通过倾听求爱者的声音获取关于它的很多种信息。我们每个人说话时振动的声带都不是同一尺寸的，通常在与交配有关的事情里，尺寸尤其重要。一般来说，声带越大，振动得就越慢，产生的声音频率也就越低。比较高大的人通常声带也比较大，那么他们的声音会低沉些也就一点儿也不奇怪了，而如果把性别间的体形差异也考虑进去，在相同体形的男女间，男性的声音仍然会低于女性，这是因为睾酮会让声带的重量略微增加。在一项研究社会语言学的偏好差异的实验中，奥康纳实验室也发现，女性更喜欢低沉的声音，或者说，更喜欢男性化的声音[8]。他们的解释是，较高的睾丸激素表示男人身体健康，而女人会想得到更健康的男性。这种偏好可能会对一名女性，还有她和男中音生的孩子带来直接的好处，因为这名男性可能会照顾这对母子更长的时间。他也有可能将他整体的健康以良好基因的方式传给他的后代。因此，选择更男性化的声音也可能是选择更有益于生存的基因。

* * *

在上一章中，我用了很多例子来讲述视觉动物的求爱如何利用视觉大脑的一些基本过程。考虑到"听觉大脑"的工作方式，求爱者有几种策略让自己在选择者面前更具吸引力。第四章中我也谈到过，求爱者被看见是多么重要的一件事，而实际上被听见也是一样的重要。

我住在得克萨斯州的奥斯汀一个自称为"世界现场音乐之都"的地方。这里很多音乐都是在户外表演的，并且很多时候在很远的地方都可以听到。如果站在舞台前合适的距离，我可以听到萨克斯管清脆、快速的跳动声，小提琴的高音，缓缓打着节拍的鼓点和低音吉他的低音。如果我开始慢慢离开音乐现场，最终那些清脆的跳动声就能完全融合成一个连续的声音，小提琴的高音也散失在空气里。而如果我继续走远，我的耳朵就只能听到鼓的咚咚声和低音吉他低沉的呻吟了。这是因为不是所有的声音在不同的媒介中都会以一样的效率传播。求爱者如果能够利用声音传播的一些规律：音符的速度越快，无论是萨克斯的音符还是麻雀喳喳叫的音节，脉冲随着距离的增加衰减得越多；而声音的频率越高，音强随着距离的增大衰减的幅度就越大；栖息地越是致密，比如森林与田地相比，高频音也就损失得越多。

　　求爱者，至少是"他们"的基因，会注意到声音的一般物理规律吗？许多动物的鸣叫声，不论是用来求偶还是歌唱，都是大声的尖叫，而不是温柔的亲密耳语。求爱者被听到的距离越大，"他"的听众越多，其潜在配偶也就越多。事实上很多动物都已经进化形成可以增加其性听众规模的声音。鸟类学家尤金·莫顿（Eugene Morton）在调查巴拿马森林和田地中100多种鸟类的歌谣时开辟了一个新的学科——栖息地声学。他发现农田里的鸟叫声与森林里的鸟叫声相比，音高会更高，节奏也快些[9]。这些鸟儿已经进化成了自己这块栖息地里的歌唱家，"他们"能让更远的听众更清晰地听到自己的声音：高音和快节奏的鸣叫声总是出现在农田，而低音的口哨声总是出现在森林里。欧洲的大山雀和得克萨斯州的北蝗蛙，甚至同一物种的不同群体间也表现出了鸣叫声的适应性变化[10]。例如，大山雀使用类似摩尔斯电码的、更快的节奏在摩洛哥的农田里歌唱，但是在英格兰森林里的大山雀，声音则更抑扬顿挫。我们会听到感觉从很远的地方传来的鸟儿、蟋蟀和蛙的鸣叫声，这一切都绝非偶然，它们的歌声是根据物理学的一些基本原理进化而来的，而我们只是恰好听到了而已。

这些物种有足够的时间进化形成适合自己栖息地的情歌。但那些突然被困在充满人类噪声的城市里的鸟又会怎样呢？它们大概还没有足够的时间进化形成出抗噪的情歌，但行为的变化并不局限于单调的基因变异和自然选择。许多行为都很灵活，它们可以作为快速行动小组，让这个物种繁殖下去，直到进化的步伐赶上来。

汉斯·斯拉贝科恩（Hans Slabbekoorn）和他在荷兰的同事们发现，鸣禽拥有一些颇为专业的技能和足够灵活的行为，所以一切尽在掌握中，至少先把握住自己的声音，而不是傻傻地等待基因变异。当研究者比较了市区大山雀和相对比较偏远地区的大山雀鸣叫声时，他们发现城市鸟儿们的鸣叫声里使用了更高的音调，把它们的声音放在了城市噪声的频率带之上。斯拉贝科恩的一名学生沃特·哈弗韦克（Wouter Halfwerk）随后发现，这些男高音雄性更有可能被雌性选为配偶，而这很可能是因为雌性更容易在噪声中发现这些信号[11]。

从求爱者的角度来看，任何干扰自己信号的声音都是噪声。大多数求爱者周围最大的噪声不是风、其他动物的声音，或城市的喧嚣，而是他对门的那个小子。求爱者需要让自己的声音凌驾在这种噪声之上，这样才能保证自己才是被听到的那一个，也是选择者会注意到的那一个。其中一种方法是在周围噪声增大时也提高自己的声音。这被称作是隆巴德效应，我们在面对噪声（比如风声或城市噪声）时也是这样做的。但是当一个求爱者与其他求爱者竞争时，其他求爱者也提高声音。叫得更响些并不是脱颖而出的唯一办法。就像第二章中所讲的那样，尽管被捕食的风险增强，但为了与其他雄性竞争，南美泡蟾还是会在自己的鸣叫中增加更多的"咔咔"声。其他的动物中，有的叫得更快，有的叫得时间更长，有的会添加更多种类的音符。有很多办法可以对付这些"社会噪声"，并且似乎动物们已经发现了其中的绝大部分。

世上随时都有事情发生，我们不断地受到各种刺激的轰炸。第三章中讲到过，我们倾向于忽略重复的刺激，却在某些事情发生变化时恢复注意力。我们习惯于一成不变、日复一日的重复，但在有值得注意的新事情发生时会马上变得警醒。这是求爱者在设计性信号时运用的另一个基本原则。

鸣禽的一个显著特点是它们通常拥有一个相当长的歌单。例如，夜莺可以唱出超过150种的歌曲。而许多善模仿的鸟类，比如嘲鸫和极乐鸟，会模仿其他鸟类的鸣叫声，甚至是钢琴和割草机的声音，来扩大它们的歌单。在大多数实验中，雌性都会觉得能唱出更多歌谣的鸟儿比只能唱几首歌的鸟儿更有吸引力，为什么呢？

半个多世纪以前，著名的研究"过程神学"的哲学家、鸟类爱好者查尔斯·哈特索恩（Charles Hartshorne）提出了"单调阈值假设"来解释为什么鸟类进化形成了不同的鸣叫声[12]。哈特索恩认为复杂的鸟鸣能够更好地引起邻居鸟儿的注意，否则它们就可能会侵入自己的领地。这个想法得到了著名的动物行为学家彼特·玛勒的支持，我在本章的题词中特别引用了他的句子，他也同样认为鸟鸣声的多样性不是为了扩充叫声的意义而是为了让听众保持兴趣。雌鸟也用行为支持了哈特索恩的这个想法，甚至还得到了"她们"的听觉神经元和基因的支持。

　　鸟类学家威廉·西尔西（William Searcy）发现雀形目鸟类中的雌性可能会被雄性的鸣叫声吸引，但如果这只雄鸟一遍又一遍地重复相同的鸣叫音节的话，"她"就会失去兴趣[13]。但是，如果鸣叫音节突然改变，雌鸟的性欲望又会恢复如初，并且展示出自己的求爱信号"来吧，让我们开始吧！"与此同时，在神经元的水平上有一个平行现象在发生，正如神经遗传学家大卫·克莱顿(David Clayton)展示的那样[14]。当斑胸草雀重复地听到同一种鸣叫音节时，它的听觉神经元就会因为麻木而停止响应。但如果音节有所改变，惯性就被解除，神经元又会再次响应。雌性的惯性和警醒不仅仅是在"她"的行为和神经元上，甚至还会影响"她"的DNA。表示信号显著性的zenk基因的表达，会由于听到相同的重复音节而被抑制，却在听到新的音节时被增强。从这些研究中，我们已经略微知道了一些雌性鸣禽为什么会觉得愈是唠叨的雄性愈是美的原因——因为"他们"不那么无聊。

　　对于任何由性选择的性状特征，我们都可以问一下为什么雄性不总是进化成最"美"的样子，而答案通常都是，"他们"付不起那么高的代价。南美泡蟾可以叫出更多的"咔咔"声，但它们也会被吃蛙的粗面蝠按住，蟋蟀也可以无休止地"嘬嘬"叫，但这样一来，它们就更有可能成为寄生苍蝇的食物和新家。那又是什么原因让雄性鸣禽不会无止境地添加新的音节呢？伊丽莎白和斯科特·麦克道格尔-沙克尔顿（Elizabeth and Scott MacDougall-Shackleton）发现，在鸣叫的麻雀中，鸣叫声种类的多少也是健康状况的一个指标[15]。

鸣禽拥有相当特殊的大脑，可以创造出让我们和雌鸟一同陶醉的动听旋律。研究者对鸟类的大脑如何创造歌谣相当了解。最重要的一个大脑区域称为HVC，即"高级音控中心"。一般来说，HVC在具有较大鸣叫歌库的物种中也较大，并且雄性的比雌性的大，两性HVC的大小也与雄性和雌性的鸣叫音库的大小相关。斯科特发现，在鸣叫的麻雀中，拥有较大音库的雄性不仅拥有更大的HVC，而且身体状况也更好。与脑子较小和话比较少的同僚相比，"他们"也表现出较少的生理压力和更强大的免疫系统。这可能意味着拥有大音库的雄性可能会成为更好的父亲，因为"他们"身体更健康。这是给正在做选择题的雌鸟的一个直接好处，因为"他"可能会生出更好的后代来。如果得到更大的音库、更大的大脑、更健康的后代是遗传差异，而不是发育的差异，那么选择"他们"意味着也将遗传优势传递给下一代。

* * *

虽然选择者的确应该关心配偶的质量、种属，以及他的健康状况，但是交配的最终目的只有一个，制造后代。遍地的不孕不育诊所已经证明，做爱和繁殖不是一码事。为了进行繁殖，男性和女性需要在生理上契合。就像第一章中讲过的，雄性通常都是随时准备就绪的，但卵子的发育比精子更复杂，因此雌性的生育期就会比雄性短一些。雄性也能够稍稍改变雌性的荷尔蒙水平，让她变得性欲旺盛起来。但雌性的生殖系统是非常有辨别力的，雄性必须把事情做得丝毫不差。

环鸽是普通鸽子的近亲，在全世界的许多城市都能见到。如果你曾经去过一个大城市，尤其是在纽约或威尼斯观察过鸽子，而不仅仅只是喂食或者赶鸽子的话，你可能早就观察到这样的景象，一只雄鸽在雌鸽旁边徘徊，一边振动声带，一边发出咕咕的声音。不过就算你观察得很仔细，大概也不会看见它们交配。这个过程需要等到一只雄性取悦雌性至少是几天之后才会发生，而当这个事儿终于发生时，往往也就是稍纵即逝。对于大多数鸟类而言，性仅仅就是"两个泄殖腔之间的一个吻"，因为雄鸟压根就没有阴茎。

研究者试图了解环鸽如何让自己的"咕咕"声进入雌鸽的大脑，并刺激"她"的荷尔蒙的。这些细节是已故的丹尼·莱尔曼（Danny Lehrman）多年的研究发现的。他是当时最著名的比较心理学家之一，在新泽西州的纽瓦克创建了罗特格斯大学动物行为研究所（顺便说一句，纽瓦克的鸽子多得似乎能养活整个世界）。莱尔曼发现，环鸽的求爱仪式不仅限于雄性向雌性献殷勤，而是两性之间的一系列充满细节的互动[16]。求爱仪式的开端就是我们在城市街道上看到的那样。如果雄性有性需求，特别是如果"他"的睾丸激素水平高于某个阈值，"他"就会开始求爱。雄鸽先是鞠躬似地低下头来咕咕叫，然后再在雌鸽面前挺起胸膛。这个求爱仪式，被巧妙地形容为"鞠躬咕"（bow-coo）。雄鸽的咕咕声会影响雌性的性激素，让"她"的雌激素水平升高，开始回叫，最后和雄鸽一起二重唱起来，而这又以两种方式影响着雄鸽——先是让"他"睾酮增加，然后开始更加强烈地对雌鸽求爱。到某个时候，雌鸽的雌激素水平开始下降，而调节"她"养育子嗣的激素——催乳素，开始升高，雄鸽和雌鸽就开始一起筑巢。就在这时，并且只在这个时候，雄鸽和雌鸽开始接吻，不是用嘴，而是用"他们"的泄殖腔。在雌鸽的帮助下，雄鸽爬上"她"的背，让性器官的开口对齐，然后雄鸽向雌鸽体内射精。现在，事儿干完了，雄鸽的睾酮下降，催乳素增加，"他"也开始履行父亲的责任，因为雄鸽也需要孵化鸽子蛋并喂养雏鸟。这整个过程，从第一次鞠躬开始到最后的那一吻，需要花费数天的时间。

莱尔曼的弟子梅·程（Mae Cheng）为这个已经相当完整的故事添加了一些有趣的细节[17]。人们曾经认为，在求爱仪式的早期，是雄鸽的鸣叫声让雌鸽开始鸣叫的，是雌鸽的鸣叫行为让"她"的雌激素水平增加。程的发现则恰恰相反，是雌鸽"听"见自己的鸣叫声刺激了自己的激素水平。而且，令人特别惊讶的是，雌鸽往往只在雄鸽看着自己时才会有回应。至少在这个物种中，雄性游离的眼神是会毁掉一桩姻缘的。

在环鸽中，我们看到雌性如何将"性大脑"与性生理联系起来。雌鸽回应雄性性需求的决定既影响了自己的性激素，也同时被自己的性激素所影响。雄鸽必须摁下所有正确的按钮，对这只雌鸽保持专注，持续数日，才能让"她"的生理反应和大脑对上话，告诉"她"说，这只雄性够有魅力了，可以把我给"他"了。在使用求爱仪式来调整性交所需的激素这件事上，环鸽的行为并不罕见。鸣禽的歌声、蟋蟀的嚯嚯声、蛙类的叫声、红鹿的咆哮声，都会影响雌性的激素水平，让"她们"进入一个想要性交的状态。

就像我一直在强调的那样，当一方觉得另一方有性审美时，性交更可能发生。也像刚刚解释过的那样，当两性的生理状态都已经处在性交的生理状态时，更容易交配。在第三章中，我讲过喜欢性交和想要性交是不一样的。同样，让雌性排卵、筑巢、打扫房子、照顾子女的繁殖激素也和那些激发性欲的激素不一样，性欲是由奖励系统控制的。最近对鸟类的研究表明，鸟类的叫声似乎是将生殖系统与繁殖的欲望联系起来的一个媒介。

唐娜·马尼（Donna Maney）和她的实验组一直在白冠麻雀中探索这种联系[18]。我们知道，麻雀就像环鸽和其他鸣禽一样，雄性的叫声会影响繁殖激素，比如雌激素的水平。稍微扩展一下来看，也影响着雌性是不是想要交配的生理状态。研究者还查看了负责奖励系统的脑区，特别是伏隔核和腹侧纹状体，这两处是释放去甲肾上腺素和多巴胺的区域，也是一个"喜欢"与"想要"相结合的地方——在我们的例子里，是听到雄性歌声后的快感与性欲相联的地方。他们发现，当雌性接触到求偶歌时，总体说来，这些脑区的基因活跃度是增加的，但事情也并不总是如此……

性信号产生和接收的背景不同会影响它的含义。季节和性就是这样两种背景。白冠麻雀的叫声有几个功能，一是对其他雄性广而告之自己的领地，雄鸟对其他雄性的叫声会产生强烈的负面情绪，"他们"会用攻击性行为而不是想要交配来回应。雄性白冠麻雀在繁殖季节的春季唱歌，但"他们"也在冬季非繁殖季节唱歌。在繁殖季节，雌性被唱歌的雄性所吸引，但是当同一只雄性在非繁殖季节唱歌时，则会遭受雌性的攻击。雌性对雄性在不同季节的反应变化是"她"的雌激素水平造成的。求偶的情歌只会在"她"的雌二醇水平很高时，才会启动大脑的奖励系统。情歌只会在生殖系统准备好时才会让性欲燃烧。因此，雄性不仅可以用声音来协调雌性生殖系统，让其就绪，也可以调整"她"的性欲，也就是其喜好以及欲望。但是，这只在所有的"星星"都已经连成一线的时候才发生。只有雌性的激素已经准备好繁殖，歌声才会让"她"欢喜想要。喜欢性交和想要性交，都跟繁殖不太一样，所有的系统都必须步伐一致，才会让选择者有找一个求爱者的欲望。在大多数动物中，性行为与生殖功能都是密不可分的，所以进化形成一些只为触发这两种功能的性特征也就不足为奇了。

* * *

这本书有两个大主题，一是大脑不仅有性也有其他功能，二是其他的脑功能可以让那些外部刺激被当成是有性吸引力的。求爱者也能触发选择者身上与性无关，却可能提高求爱者交配机会的行为。在第四章中，我们看到求爱者如何利用某些视觉表演来满足选择者对食物的需求以及"她们"不想自己成为食物的愿望。利用声音的追求者也是一样地喜欢用骗子手段。

动物听觉的灵敏度可以是因为性或者其他原因进化的。例如，蟋蟀耳内的听觉神经元，被调整到可以接收交配鸣叫的频率或者天敌蝙蝠的超声波频率。研究昆虫听觉的专家罗恩·霍伊（Ron Hoy）和他的同事发现，蟋蟀会根据它们听到的声音是低于还是高于16 000 Hz，将声音分为两类——雌性会接近低于这个声音的频率，而逃离高于这个频率的声音[19]。

飞蛾是另一种用听觉来避开捕食者的动物。许多飞蛾甚至已经进化出可以听到蝙蝠的听觉和可以发出超声波来阻挠蝙蝠回声定位的器官了。我们经常在晚上看见飞蛾，它们中的大部分都是夜行性的。然而，一部分飞蛾却放弃了夜行的习惯而改为白天活动，这样，它们的主要天敌就变成鸟类而不是蝙蝠了。尽管被蝙蝠捕食的危险已经消失，但这些昼行的飞蛾却还是保留了对付蝙蝠的武器，它们仍然可以听到并发出超声波。这不是浪费，自然选择已经让这些原本进化来对付捕食者的能力转而变成求爱的工具了，本来作为飞蛾防御武器的超声波已经转移到求爱武器库中了。甚至一些夜行的飞蛾也把用来防御蝙蝠的声音改用来求爱。亚洲玉米螟就是这样一种飞蛾。

亚洲玉米螟是亚洲最严重的害虫之一，经常能造成数百万美元的损失，有时甚至能破坏整片的玉米作物。雌性玉米螟在玉米秸秆上产下几百个卵，幼虫就会开始蛀食最后吃掉整株植物，片甲不留。玉米螟的卵经常被细菌感染，这只会让它们变本加厉。细菌能使雄卵雌性化，导致大多数的玉米螟卵都是雌性的，进而促进它们在这个地方农田里的生长和传播。这种飞蛾在求爱时也会鸣叫。雄性会将它的两只翅膀在一起摩擦，发出超声波。这个声音最初是进化来对付蝙蝠的，但现在则用在了"性"信息上面。

并不是所有飞蛾进化形成的对付蝙蝠的武器都是形态上的，还有些是行为武器。除了听到蝙蝠和干扰蝙蝠的回声定位外，有些飞蛾在听到蝙蝠的叫声时，会突然乱飞，或者是定住不动。雌玉米螟就会在听到蝙蝠的超声波叫声时突然定住，而雄玉米螟就利用了雌性的这种反应。东京大学的生物学家中野和他的实验组就发现，雄玉米螟在与雌性求爱时会发出低强度的叫声。这个叫声和蝙蝠的嗡嗡声非常类似，这是一种蝙蝠迅速接近目标时快速跳动的用来回声定位的声音。中野发现，如果雄玉米螟变哑，或者雌玉米螟变聋，那么求爱就通常不会成功。但如果一只可以叫的雄性遇见一只能听见的雌性，那么性交就几乎是铁板钉钉的。这个鸣叫声能如此成功的原因就是，雌性对鸣叫声的反应就好像是在回应蝙蝠而不是雄性飞蛾。"她"在恐惧中定住身子，处于近乎瘫痪的状态，这时，雌飞蛾对雄性想要交配的抵抗力几乎为零[20]。门户乐团的吉姆·莫里森（Jim Morrison）说，"性被谎言充斥"。在这种情况下，我们还能再加上一行，"谎言与恐惧交织"。

雄性玉米螟飞蛾靠模仿天敌寻找猎物来骗雌性交配。希瑟·普罗克特（Heather Proctor）则发现，雄性水螨靠装扮成食物来骗交配对象。就像其他擅长听觉的动物一样，水螨对周遭环境的振动异常敏感，对水螨来说，这个振动来自水而不是空气。这是一件好事，因为它们最喜欢的食物之一是桡足类动物[①]，当它们在水面上划过时，有一种非常典型的振动方式。而雄水螨则已经进化成可以利用模仿这种振动方式，引诱那些对雄水螨的信号毫无察觉的雌性，直到"她"将"他"一把抓住，然后雄水螨就开始疯狂地与"她"性交。普罗克特还预测说，如果是利用饥饿引诱雌性接近雄性，那么在自然界中，饥饿的雌性就会更容易被假装成食物的雄性欺骗，因

---

① 一类细小的甲壳类动物，生活在海洋及差不多所有淡水的栖地，亦是海洋中重要的蛋白质来源。——译者注

此这些雌性最有可能交配。普罗克特用两组雌水螨做了一个设计巧妙的实验：一组已经滴水未进几天了，而另一组则可以随时大快朵颐。然后她将一些雄性分别放入这两组雌水螨中，并计算交配的次数。正如预测的那样，对食物饥渴的雌性更容易交配。它们的高交配率首先是对食物的渴望，最后导致被愚弄去性交[21]。这里我们看到了求爱信号不仅可以进化为与感觉、知觉和认知相匹配，它还可以利用与性本身没有关系的行为。

* * *

卡梅隆·罗索（Cameron Russell）和数不清的动物用"叛徒模型"向我们展示了这样一个道理：我们并不需要一直保持天生的外表。我们也不需要一直只唱我们会唱的歌。如果可以得到一些帮助、一些飞跃的想象力，就可以让我们已经拥有的能力升级，扩展已有的声音表现。

在我和斯坦利·兰德的一次旅行中，我们想在秘鲁沿海找一种南美泡蟾的近亲。这个秘鲁西北的区域包含了塞丘拉沙漠，一片看起来不管是对人还是蛙而言都极度干燥的千里赤地。我们的车开了几千米都几乎看不到植被，更看不到水。史前居住在这个地区的居民，从莫切（Moche）文明发展而来的奇穆人（Chimor），在公元900—1470年间靠农业和海洋渔业存活下来，直到被当时不断扩大的印加帝国夺去生命。奇穆人（Chimor）特别喜欢海洋哺乳动物的肉，一些保存下来的壁画上甚至画有可以捕获海怪的网。

奇穆人留下的最壮观的废墟叫昌昌，被联合国教科文组织列为世界文化遗产，也曾经是世界上最大的土坯城市。我和斯坦逛到一个好几百年来用于举行仪式的露天剧场，宗教和政治仪式都可能吧。我们可以确定的是，不管是牧师还是政客，在这儿说话的人都想被听见。当然，音箱这个东西在那时还只存在于遥远的未来，也还没有能用电放大声音的能力。但是关于声音的科学已经存在了，奇穆建筑师将他们了解到的声音科学的一些基本原则应用在这个露天剧场的设计中，将演讲者的声音投向舞台下的人群里。当演讲者站在特定的位置，他的声音就会产生共鸣，声音的振幅会变强，这时他的智慧之言就会在人群中穿过。我们也尝试了一下。斯坦当演讲者，我走下舞台，向后走到观众集中的地方。斯坦在台上模仿了一声南美泡蟾，而我听到的那一声鸣叫，不论是声音的强度还是饱和度，一只泡蟾无论如何也做不到。我惊讶得几乎是四肢着地摔倒在了地上，然后再跳到斯坦跟前！当然，希腊人、罗马人还有西半球的其他人也掌握了这一声音工程的技巧，利用环境来丰富我们声音的做法从未消失过。

20世纪50年代，我在布朗克斯①度过童年。我和我的朋友们经常遇到一群年轻人聚集在街口和房子的大堂，他们把油腻的头发直接向后梳，扮作猫王状。是的，他们是油头痞子②。当然，那个时候布朗克斯也不是没有犯罪，但这些家伙既没有开枪，也没有喝酒。

---

① 纽约的 5 个行政区之一。——译者注
② greasers，起源于 20 世纪 50 年代的一个青少年亚文化群，因用发蜡等油脂把头发向后梳而得名。喜欢摇滚乐，骑摩托车，穿黑色皮衣。——译者注

他们喜欢唱歌，通常唱些像是艾佛利兄弟（Everly Brothers）、巴迪·霍利（Buddy Holly）和五黑金（Platters）的切分音合声。他们学会了曲子里那些小小技巧后，他们的歌声通常会令人印象深刻。我们经常会在远处看他们唱歌。而年轻的歌手们通常会当我们不存在似地容忍我们的存在。而我们也从未在口袋大小的日本晶体管收音机里听到过这样丰富和谐的声音。这些小子非常善于用加强声音来扩展他们声音的形态。跟奇穆人一样，这些油头小痞子们用身边的墙来帮助他们自然的声线。

我在本章前面讲过，当求偶者使用声音来吸引交配对象时，他们通常会希望声音能传播到尽可能远的地方，以覆盖最多的选择者。当选择者可以听到多个求偶者的鸣叫声时，她们一般更喜欢最响的那一个。就像布朗克斯巷子里的油头痞子和秘鲁露天剧场中的奇穆人一样，动物们也想出了用这种方式来放大自己求偶声音的妙招。

许多物种都带有可以放大自己鸣叫声的身体特征：蛙和吼猴有非常大的声囊，蝉的身体表面可以当作共振器，鲸鱼的头部自带共振器，可以帮助它们发出更响亮的声音，传播到更远的地方。其他动物则改变所处环境来匹配它们的声音，也可能是改变声音来匹配周遭的环境。

声音的频率和波长呈负相关。较高频率的声音具有较短的波长，而较低频率的声音则具有较长的波长。如果你用嘴对着一个管子吹气发出各种声音，那些变得更加响亮的声音就是波长与管子长度匹配的声音。在管乐器中，如长笛，就是将空气吹进乐器一端的窄孔，让空气柱在长笛内振动而发声的。振动的频率，也就是我们说的音高，是由气柱的长度决定的：长笛越长，音高就越低。但是长笛并没有因为长度一定就只能发出一种音高，演奏者只需用手指轻触就能通过改变其有效长度来扩展长笛发出的声音，以及声音的表现力。只需要打开和关闭乐器上的小孔，它的有效长度就会发生变化。当所有的孔都关闭时，有效长度最长，音高最低，而打开各种小孔就会减小有效长度而让音高变高。人类已经将基本的声学知识应用在了发出各种令人愉悦的，我们称之为音乐的声音上，而动物也是以此扩大自己的"音乐库"。

像奇穆人和油头痞子一样，澳大利亚的一些蟋蟀和蛙，用封闭空间来共振它们的叫声。它们在土地里凿的地洞中鸣叫，根据物种的不同，要么挖一个长度与自己求偶波长最相配的地洞，要么占用废弃的地洞，鸣叫时正好站在距离洞口自己声音波长的地方，从而使自己的声音能产生最佳共振。

爬虫学家姜建国和他的同事们发现，中国的峨眉弹琴蛙更进了一步，利用其叫声与环境间的相互影响向雌性宣传自己的"房产"。原理是这样的：一只雄弹琴蛙会在自己为雌性孵蛋筑的巢内鸣叫。从巢内发出的叫声跟巢外发出的同样的叫声比，在低频音和长音上都带有更多的能量。巢内鸣叫声的混响效果主要取决于地洞入口的大小和通往巢穴的地洞的深度。当雌蛙试图在巢穴内外发出的同一种鸣叫声之间做出选择时，绝大多数雌蛙都更喜欢从巢内发出的更长、更有共振的鸣叫声。"她们"更喜欢拥有更好"房产"的雄蛙[22]。

这些歌唱家改变所处的环境来配合自己的叫声。但婆罗洲的一种蛙则恰恰相反：它改变自己的叫声来适应周围的环境。

婆罗门树洞蛙，蛙如其名，是在婆罗洲森林的树洞里发现的。树洞的大小不同，内部充气腔的大小也会随着树洞中的积水量而变化。能在树洞里发出最佳共振的声音波长取决于空腔的大小。这种蛙并不能自己改变空腔的尺寸，它不能在树上挖洞，或往树洞里灌水，也没法从里面抽出水来。除了这个树洞什么也没有的蛙，它的解决方案只能是调整自己鸣叫声的频率和波长，配合树洞空腔的大小来放大自己的声音，让尽可能多的雌蛙听见。我们是怎么知道的呢？

两位研究者比约恩·兰德纳（Björn Lardner）和马克拉林·本·拉基姆（Maklarin bin Lakim）做了一个非常聪明的实验，他们将树洞蛙放入部分充满水的人工空腔中。研究者一边从人造树洞中慢慢排出水，一边录下蛙的鸣叫声。当水慢慢排出时，腔体的空间会慢慢变大，这就让这个腔体的最佳共振波长越来越长。而在这个过程中，树洞蛙儿们主动改变了它们的鸣叫波长，完美匹配了腔体的共振波长[23]。与奇穆人和布朗克斯的油头小痞子一样，当动物有一些重要的事情需要交流时，它们会使用各种技巧，保证听众都能听到。

如果我们想一想动物的声音，一定会想到是从嘴巴里发出的。实际上，还有很多其他的途径能制造出声响。比如蟋蟀 Cricket，这个词儿来自法语 Criquer，意思是"嘎吱嘎吱的小东西"，它们用一只翅膀上的锉刀锉另一只翅膀上的锯，然后发出温带夏夜里不能缺少的嘤嘤声。蝉采取不同的策略，它会振动身上一种鼓状的发音器官。蟾鱼每秒钟振动自己的发音肌肉200次，让鱼鳔嗡嗡作响，这是所有的脊椎动物中最快的肌肉运动，如果不能用喉发声的话，这是一个很好的选择。在所有的这些例子中，包括我们人类，想要发出声音你必须振动一些什么东西。我曾经在巴西亚马孙地区El Duque Reserve一个阳光明媚的下午，偶然看到了一种可能是最直接的发音方式。那时天空中虽然没有云，但我发誓我听到了雨滴打在森林干燥落叶上的声音。我眼睛不停地向上看，想看到能发出这种声音的雨在什么地方，但我什么也没看到。直到终于向下瞅了一眼，我才看到数百只蚂蚁四处乱窜。当我四肢着地仔细观察时，我发现它们都在往地上撞自己的头。这么多的蚂蚁撞头撞得那么猛烈，听起来就像是真的在下雨一样。最终，蚂蚁安顿了下来，声音也没有了。怎么回事呢？我找到了它们的巢，往里戳了一根小棍。蚂蚁又出来了。它们撞头的声音再次充满了森林。我以为我发现了真正的自然奇景，但当我回家进行一番研究后才发现，这虽然是一种奇异的行为，但在蚂蚁和白蚁中却很常见。这个声音的作用是警告蚁巢中的同伴，掠食者来了，或者是警告它们这儿有一个做田野调查的生物学家正在骚扰民居。除了用嘴发声之外，只要能产生振动，还有很多方法可以发出声音。正如我们现在看到的，动物可以非常有创意地增加声音种类。

蜂鸟就是非常神奇的动物。它们可以每秒振动翅膀40次，同时将超长的喙精巧地插入花蜜腺中，并且在空中几乎保持不动。像鸣禽和鹦鹉一样，它们也有自己的歌谣。在我心里，这些看似脆弱的小鸟最令人深刻的印象就是"高空求偶跳"。在安娜蜂鸟和科氏蜂鸟中，当一只雌性进入雄性的领地时，"他"就会在"她"面前徘徊歌唱，同时炫耀"他"喉头的一片闪闪发光的羽毛。如果此时雌性没有被吓坏，雄蜂鸟就会在"她"面前耍一些让人惊叹的空中杂技。它先是向高空飞30米，然后就像俯冲轰炸机发射一样，冲向"他"为之所动的对象。这个俯冲的动作，"他"可能会重复个20次。为了确保它吸引到了雌性的注意力，还有一声巨响伴随着这个俯冲。这种声音长期以来一直被认为是求偶情歌的一部分，直到当时加州大学伯克利分校脊椎动物博物馆的研究生克里斯·克拉克（Chris Clark）发现这个声音是空气穿过并振动蜂鸟尾巴外部的羽毛时发出的。他研究了十几个物种，包括安娜蜂鸟和哥斯达蜂鸟以及它们的近亲，发现大多数物种的尾巴都会在俯冲求爱时发出这种哨音。但这些物种中，也有一小部分的雄性会用老方法制造一些声音——没错，"他们"会唱出来。这些蜂鸟用嘴巴唱出的声音和尾巴的哨音是如此相似，以至于人们一直认为它们都是求偶情歌的一部分。由于尾哨在情歌之前就进化出来了，克拉克由此得出结论，这两种声音之间的相似性必定是因为情歌进化成了模仿尾哨的声音[24]。尽管蜂鸟是声音动物，在这种情况下，用嘴唱的情歌反而变成了为尾哨伴奏的第二小提琴。其他鸟类则名副其实地在拉琴——或者说是拉首席——来增强他们的求爱攻势。

侏儒鸟是鸟类求偶秀的真正演员。与鸣禽和蜂鸟不同，侏儒鸟缺乏学习唱歌的能力，但作为一个群体，它们却尝试了各种声音。在我看来，或更准确地说，在我听来，侏儒鸟界在求偶上独孤不败的是梅花翅娇鹟。我在课上会给学生看康奈尔大学鸟类学实验室的金·博斯特威克（Kim Bostwick）拍摄的一只褐胸、红顶的雄鸟在自己栖息地的特写视频。当它开始唱歌时会向前弯曲并迅速竖起有浅V形标记的黑色翅膀，在保持直立的同时产生一种类似于小提琴的快速跳动的声音。我问学生们到底发生了什么，每年我都会得到相似的答案：雄性一边弯腰一边唱歌，"他"竖起的翅膀是作为声音的视觉补充。然后我们会用慢动作再看一遍视频。有些敏锐的学生这时就会注意到声音发出时，鸟喙是合上的。这对蛙类来说太正常了，但人类和鸟类都会在发出声音时张开嘴巴。只有观察最为细致的学生会注意到"他们"竖起的翅膀会有一些非常小而轻微的动作。

博斯特威克意识到这些声音是翅膀的活动造成的。她"激光般"的观察能力，在使用激光辅助后，发现雄性侏儒鸟每秒振动翅膀100次，是蜂鸟的两倍。"他们"的翅膀形态跟小提琴的一些基本属性很相似。每只翅膀上都有两根特别的羽毛，一根的羽干①上有一组脊状的突起，而另一根羽毛的羽干则相对坚硬并且在顶部向着另一根羽毛弯曲。当一只雄鸟张开翅膀振动时，一只羽毛弯曲的羽干会去拨另一根羽毛羽干上的脊……听，森林里就开始充满了小提琴的声音[25]！这只是用一个充满创造性的例子来说明动物如何用它们的大脑、身体形态和行为共同塑造声音，以取悦追求者的感觉器官。但没有谁比我们人类做得更好。

* * *

当我写完这章时，正在爱丁堡。这是一个世界遗产城市，充盈

---

① 羽毛中间的那根管状物。——译者注

其中的苏格兰文化比著名的阿尔巴纳赫（Albanach）酒吧里藏的250种威士忌酒更加丰富。这正是一个清爽、阳光明媚的春日，草是绿的，花是五颜六色的，并且每隔几个街区就有一个穿苏格兰折裙的风笛手。当我站在街角等交通灯时，风笛手就会让我动起来。是狂飙突进时期的音乐无疑了。曲调，节奏，断句，这曲子整个儿就是一支战时的进行曲。虽然这个风笛手没让我开始打斗或瞬间愤怒起来，但这曲子却对我产生了切实的影响——让我开始动起来了，一时间，这红灯似乎实在是太长了。

人类的音乐并不是从动物的鸣唱和鸣叫中进化来的。然而，它们确实有许多相似之处。首先，两者主要都是社会行为，都可以用来建立社会联系，减少或引起冲突，还有对我们最重要的是，两者都错综复杂地与求爱和性交交织在一起。动物鸣唱和人类音乐的有效性源于这样一个事实：两者都通过声音的结构影响选择者的情感或情绪状态。这与语言不同，在语言中，声音的结构通常与分配给它的意义相对应，而在求爱和音乐上，声音的细节本身就同时带有信息和意义。考虑到这种情况，我们希望能够找到一些求爱声音信号和音乐带动类似情绪这两种情况之间的普适性。嗯，我们做到了。

早些时候，我讨论了尤金·莫顿发现的环境声音特性影响鸟类鸣唱结构的进化。为了预测鸟类和哺乳动物的不同声音是如何引发听者的不同情绪反应的，他还提出了"动机-结构规则"[26]。这个规则一共有8个具体项，但莫顿更简要地总结了它们："鸟类和哺乳动物在对待敌人时会使用刺耳的、相对低频的声音。而受到惊吓，安静，或对某人保持友好的时候，会用更高频、更接近单纯音调般的声音。"

我们根据自己的经验就知道可以用不同的声音去适应不同的情况。最容易理解的例子可能是"妈妈腔"或儿语，这是一种在与婴儿互动时跨文化使用的用高频音轻轻说话的模式。不仅母亲和婴儿这样说话，当我们想要抚慰别人，不论对方是儿童还是成人，我们都习惯轻声细语地安慰，语音转折，句头句尾都把声音拖得长长的，也就是说，开始时声波的振幅缓慢增加，结束时又缓慢降低，以免听者受惊——"哦——噢——"。与这种舒缓的说话方式形成鲜明对比的是，如果我们在争吵或打闹中，就会提高声音，用短的，刺耳的，声波振幅快速增加和降低的声音。如果我们在愤怒抗议，就会尖脆地说，"灭了你！"，意思才到位，而不会像妈妈腔一样说"灭——了你——"。

我们关于不同声音结构有不同功能的规则也适用于与动物的交流。无论是照顾骆驼、遛狗还是骑马，我们都会使用短而刺耳的，类似"咔哒"一下的声音来让它开始动起来，而用更婉转，拉长声音的指令来让动物停下来。当我们这样做时，似乎我们是在动物身上强加了我们自己的"声音结构-功能"规则，而实际上，我们用的是跟动物的"结构-功能规则"相配的声音，只不过也恰好与我们的规则相似而已。帕特里夏·麦康奈尔（Patricia McConnell）是世界著名的训犬师和作家，她写了包括《精力充沛的菲多》（*Feisty Fido*）、《皮带的另一端》（*The Other End of the Leash*）和《谨慎的狗狗》（*The Cautious Canine*）这样的畅销作品。当她还是一名博士生的时候，麦康奈尔深入研究了培训师使用的指令声音。在一个实验中，从未训练过的家犬首先会训练学习对典型的指令，比如"走"和"停"，做出合适的反应：4个声音频率逐渐加快的短音为"走"，一个声音频率逐渐降低的长声为"停"。另一组动物在听到4个短音时被训为"停"，而在听到长音时为"走"。这次训练结束后，再训练每组家犬学习相反的指令关联。最初，两组家犬都学会了将"走"和"停"与他们被训练的声音信号联系起来。但是，当训练相反关联的实验中，从非典型关联转换到典型关联的这组家犬，比先学习典型关联然后被训练学习非典型关联的家犬学得更快[27]。这项研究与莫顿的动机-结构规则论一起，说明了在包括我们人类在内的相当广泛的物种范围内，声音的结构和功能可能存在某种普适性，因为这些特殊的声音结构以类似的方式与听者的神经和心理相互作用。

音乐类似于动物发出的信号，因为它可以引起听众各种各样的情绪。两位瑞典心理学家帕特里克·尤斯林（Patrik Juslin）和丹尼尔·瓦斯贾里斯特（Daniel Västfjäll）列出了关于音乐可以引起的各种反应：主观感受，听众在听音乐时的情感体验；生理反应，和其他"情绪"刺激类似，音乐可以引起心率、皮肤的温度、皮肤上的电信号、呼吸，还有激素分泌的变化；大脑活动，与情绪反应有关的大脑脑区对音乐的反应；情绪表达，音乐可以让人哭、笑、大笑、皱眉；行为倾向，音乐可以影响人们去帮助其他人、去买某些产品，或仅仅是动起来[28]。是的，你可以试试等信号灯时顺便听苏格兰风笛！

虽然定义每种情绪的起因可能相当复杂，但不同类型的音乐会引起听众不同的情绪却毋庸置疑。一个普遍认可的联系是，不同的调式往往可能引起不同的情绪：用大调写的歌曲往往会让人快乐，那些小调歌曲则让人伤心，而蓝调音乐则让人惆怅不已。几个世纪以前，克里斯蒂安·舒巴特（Christian Schubart）在他的《声音艺术美学的创意》中就描述了不同调式的情绪特征，丽塔·斯特布林（Rita Steblin）在《关于18世纪和19世纪初音乐曲调的历史》中对其进行了翻译。他的描述让人想起过度放纵的葡萄酒鉴赏家。这是几个小小的例子："D大调，一个代表成功、哈雷路亚、为战争呐喊和胜利喜悦的调式。因此，活跃气氛的开场交响乐、进行曲、圣诞歌曲、赞颂歌合唱等都用这个调式。D小调则充满女性阴柔的哀伤，被小脾气和小谐谑充满。升F小调是阴郁的，就像被小狗咬住自己的裙子一样拖住了升起的激情。怨恨和不满是这个调式惯用的语言。降A大调是一个坟墓的调式。死亡、坟墓、腐败、回顾一生、期待来世，在这个调式里回转。"最后，总算开始接近我们这儿的讨论了，"A大调，这个调式包含着纯洁的爱的宣言、对爱人的满足留恋、离别时期待再见，属于年轻人的快乐和对上帝的信任。降B大调，快乐的爱、心意显著、希望，对未来美好世界的渴望[29]。"正如舒巴特暗示的那样，音乐可以影响我们对性的情绪，它的作用像环鸽咕咕叫一样原始。

发表在《性行为档案》上的一篇文章中，大卫·巴洛（David Barlow）和他的同事们确定了音乐如何影响我们对性的想法。实验很简单，给一个男人听一些快乐或悲伤的音乐，再给他看一个小黄片，最后测量他勃起的尺寸，问他有多么欲火中烧。这种方法可能听起来有些浅薄，但至少他们听的音乐完全不是。研究者用莫扎特的《弦乐小乐曲》《嬉游曲K.136》来诱导高兴的情绪，用阿尔比诺尼的《G小调慢板》、巴伯的《弦乐柔板》来引导哀伤的情绪。他们报道里没有小黄片的类似细节。结果是我们可以想到的，当听到高亢的音乐时，阴茎勃起和性欲都被唤起，但忧伤的音乐就不会了[30]。日常生活中也不例外，浪漫之夜往往有一支动听的曲子陪伴。

音乐也可以深入我们的大脑，刺激大脑里掌管喜欢和渴望的奖励区域。麦克吉尔大学的两位科学家安妮·布拉德（Anne Blood）和罗伯特·扎·托雷（Robert Zatorre），对一些受试者在听到让人瞬间打寒战的音乐时，进行PET扫描（正电子发射断层扫描）。当受试者报告"颤抖顺着脊柱往下走"或"寒战"时，PET扫描显示，中脑边缘奖励系统的各个区域血流量增加，显示类似于白冠麻雀和南美泡蟾对交配声音响应（喜欢并且想要）时，大脑腹侧纹状体和伏隔核等相应脑区的活动[31]。同样在麦克·吉尔大学的丹·莱维京（Dan Levitin），同时也是充满娱乐性的《这就是你听音乐时的大脑》一书的作者，和他斯坦福大学的同事维诺德·梅诺（Vinod Meno）用比PET扫描更高分辨率的技术——fMRI(功能性磁共振成像），证实并扩展了这些重要的发现[32]。如第三章所述，这些掌管奖励的区域也被食物、性、毒品和赌博等令人上瘾的快乐所利用。我们现在看到，在性伴侣的选择、多巴胺和"音乐"（包括声音求爱）这个三角形中存在着某种联系，这正好与20世纪60年代流行语——性、毒品、摇滚乐，惊人的相似。

现在我们已经"看穿"也"听完"了——至少是看了也听了不少关于视觉和声音是如何与性交互相作用的。我们将继续探索了解可能是我们所有感觉中最原始的一种，性的气味。

第六章

卿卿之味

气味是一艘可以从千里之外将你运往记忆深处的时空飞船。

——海伦·凯勒

眼、耳、鼻这三种感觉器官可以将周遭世界的刺激送到大脑，刺激信息在那里被整合。其中一些刺激信息比其他的更受关注，它们形成我们对世界的感知，帮助我们决定如何回应。所有这些感觉都是我们"性大脑"的重要消息渠道，但动物往往更依赖于其中某一种，而不是其他的感官来寻找潜在的配偶，并用这种感官来了解配偶——物种、性别、健康与否、是否准备好交配。包括我们人类在内的一些动物会利用所有这些感觉器官来欣赏我们配偶的性之美。我们从每种感官中收集来的感觉和信息并不相同，却往往互补。让我们先来看一个与性无关的例子，看看这些不同感觉之间的差异，以及它们如何来弥补各自的不足。

我生活的得克萨斯州气候特别干燥，但这次的干旱时间特别长。六年前这里就开始干旱，到今天为止还丝毫没有减弱的意思。特拉维斯湖是不断繁荣的奥斯汀市的主要水源，如今已经消耗了三分之二，湖边码头已经多年没有被湖水拥抱了。但有时候我会冒险走到甲板上，即使没有下雨，我也能立即从空气里弥漫的雨的气味里立即感觉到湿润的空气正在赶来的途中。我们都闻到过这种令人兴奋的气味，但大多数人可能从未思考过它的起源。雨的气味称为 petrichor[①]，这个词来自希腊语 petra（石头）和 ichor，在希腊神话中，它是神的血液。我

[①]Petrichor 翻译成中文叫潮土油，这个气味是由土壤和石头中残留的少量油分产生的，当暴露在潮湿的空气中时，它会更容易挥发。——译者注

并不是唯一一个对潮土油的气味感到兴奋的人，由于同样干旱太久，所以牛闻到它也会变得焦躁不安。

　　气味告诉我这会儿可能下雨，但这可能的雨又在哪儿呢？我的嗅觉并没帮到什么，但突然间，我在西南方的远处看到一道闪电。现在，我不仅知道会下雨，我还知道了风暴将要来临的方向。我用两个感官，得到了关于一个现象的两种不同类型的信息。但还有一个问题，雨离得多远呢？我需要马上去找个避雨的地方，还是不用那么着急？就像第四章讲的那样，判断物体的距离是一个很棘手的问题。但在看到闪电后5秒钟，我又听到了雷声。这两个东西几乎是同时在风暴源头产生的，当闪电放电时，它将周围空气的温度加热到超过太阳的温度，这会让空气迅速压缩，从而产生那一声撕裂的雷鸣。空气随后慢慢膨胀，才发出了我们后来听到的隆隆声。由于光传播的速度比声音快，所以我会先看到闪电，再听到雷声。由于光传播速度非常快，大约每秒30万千米，所以如果我们在自己的这颗星球上，这个速度基本上是即时的。（但若我们冲出地球，就是另外一回事了。太阳光需要8分钟才能到我们身上，考虑到这是一个9300万英里的旅程，但仍然算快的。）另一方面，声音旅行的速度更加悠闲，每秒只有330米。因为在我看到闪电和听到雷声之间经过了5秒，我大概可以估计出暴雨离我大概1650米，大约一英里的样子吧。总结一下我这个相当简单的经历，首先我闻到会下雨，然后看到了暴雨在哪个方向，最后听出它离我有多远。谁还需要什么气象预报呢？

　　用这三种感觉进行包括性交流在内的各种交流是各有优缺点

的。视觉信号是由物体反射太阳光产生的，没有光线，就没有视觉信号，所以它只适用于白天。用视觉进行交流的速度非常快，并且能够准确提供信息的来源位置。你永远也不会看着一个站在角落里的人说："我想她在那个方向的某个地方吧。"如果你能看见她，你就能知道她的准确位置，因为能看见某物需要依赖直接的视线接触——如果你的朋友消失在人群中，你也就看不见她了，至少是你失去了与她直接的视线接触。在声学通信中，就如前一章所讲的那样，信号发送者用振动身体的某些部位来聚集自己的能量。与视觉通信不同，它并不受日光的局限，也不需要直接的视线接触。当你的朋友消失在人群中时，她可以偶尔叫你一声或吹个口哨，就能帮助你追踪她的行迹，尽管这个行迹不会像你直接看见那么准确。视觉和声音信号都是稍纵即逝的，你能在当下看到它们、听到它们，但是一旦信号已经消失就再也无法再次体验它了。

用嗅觉交流却与这其他两种方式没有什么相似性。有时候一个人的气味属性比他头发的颜色或声音的音色更加重要。电影《闻香识女人》中的两个角色之间就有这种感觉交换。由阿尔帕西诺扮演的盲人弗兰克就毫不掩饰地被空乘迷住，就像他向年轻的同伴解释的那样：

弗兰克：达芙妮在哪里？让她来我们这儿吧。
查理：她还在后面呢。
弗兰克：小狐狸精还在窝里呢。哦，但我还能闻到她的味道呀。女人哪，你还能说啥呢？谁造她们出来的？上帝真是个天才。头发，他们说头发就是一切，你知道吗？你有没有尝试过把你的鼻子埋在小山一样的卷发中？噢，那时只会想永远地睡去。

* * *

　　嗅觉交流只有在产生气味的分子最终找到闻香人的嗅觉受体细胞后才会产生。在某些情况下，气味分子的旅行是短暂而直接的，就像狗闻屁股一样。另外一些情况下，气味会沉积在物体上，例如，当狗翘起腿在树根或消防栓上小便时，这时的气味接收者就是与静止的气味接触。然而，也有许多情况，气味分子在环境中游走，随风飘向远处可能的接收者。这就是当一只母狗释放了"火辣辣"的信息素时会发生的情况。听听这附近的狗嚎声，似乎每只公狗都已经知道她生育能力旺盛，并随时准备交配了呢。因为大气中分子的运动可能是弯弯曲曲的，应该说，除了直线以外，任何路径都是可能的，所以气味指向的有关方向的信息都不是那么准确。找到气味来源的唯一方法是沿着浓度梯度前行，通常来说，越接近源头，气味浓度就越高。如果你想告诉其他人你的位置，那最好还是依靠声波或是哨声而不是你的体味。如果你的朋友在人群中放了一个屁，那更可能是声音而不是气味昭示了她的位置。人群里的伙伴们只会知道气味的大致方向，彼此交换指责的目光，但并不能准确知道究竟该由谁来负责。

　　如果你想给对方留下持久的印象，气味则是最佳选择。一只露出尖牙狂吠的狗对着偶尔闯入的邻居发出警告，并有效地捍卫了自己的空间。但当它离开后，那些防御的信号也就随它去了。而一点点的尿液，则可以将防御信号带到很远的地方，至少可以存在相当长的一段时间，不断地提醒任何想要踏进该区域的狗，禁止入内，违者后果自负。

气味有很多重要功能，但与眼睛和耳朵一样，它只有一个将信息汇集到大脑的通道。气味信号的接收比光线或声音的接收稍微简单些，因为作为信号的分子会直接与嗅觉受体结合。这些嗅觉受体细胞分布于所有脊椎动物的鼻黏膜中。某些脊椎动物的嗅觉受体细胞称犁鼻器。在许多昆虫中，嗅觉受体细胞则在它们的触角和足里。某些嗅觉受体非常敏感，可以检测到来自几千米外的气味分子。地球上最好的气味探测器之一——蚕蛾触角上的嗅觉受体，能够捕获飘过身旁80%的气味分子，并且只要被一个受体捕获了一个气味分子就足够让雄蛾去找配偶了。再也不可能找到比这更敏感的气味接收者了吧。

我们先稍微停一会儿，讲讲科学里的"行话"。我在使用"气味"和"信息素"这两个词时一直是将它们当作同一个意思的，但实际上它们并不相同。任何给我们提供信息的东西都是一种潜在的暗示，就像我走失的那位朋友的体味一样。但如果这种气味专门用于通信，那就是一个信号了。信息素就是一种气味信号，通过进化成了通信员。我记得我在伯克利的电报大道上拿过一本小册子，顺便说一句，这个电报大道是20世纪60年代反主流文化的发源地，也是我很多年前做博士后的地方。这本名为《作为社会武器的胃胀气》(Flatulence as a Social Weapon) 的小册子是对资本主义和粗鄙之人的谩骂，抛开逻辑辩论不谈，它无可救药地混淆了气味和信息素这两个东西。

另外一个行话是犁鼻器（vomeronasal organ, VNO）。它可以在许多两栖动物、爬行动物和哺乳动物嘴巴的顶端找到。而在鱼类、鸟类、鳄鱼、旧大陆灵长类动物、海洋哺乳动物和一些蝙蝠中则无迹可寻。气味可以通过口腔的顶部，或者是鼻子进入这个器官。蛇进化出分叉的舌头不是因为伊甸园里的苹果对夏娃撒谎，而是为了从空气中抓住气味分子，然后送进犁鼻器中去。许多涉及信息素的交流都需要用到动物的犁鼻器。一些研究人员认为由于人类似乎缺乏犁鼻器（还不能完全确定），所以我们没有信息素这个东西。这种逻辑是错误的，因为没有限制气味只能通过犁鼻器交流——如若这般，鱼就不会有信息素，事实证明并非如此。我们不用纠结到底是犁鼻器还是鼻子帮助我们将外部的气味与我们的"性大脑"联系起来。

无论在何处发现嗅觉受体，它们都可以跟不同来源的不同气味分子相结合，也许是雨水、性，也可能是食物。在哺乳动物中，这些受体嵌在我们鼻子内的黏膜上。当我们使劲吸空气时，会有更多的分子进入鼻子，增加我们闻到环境中气味的机会。拥有犁鼻器的哺乳动物还可以用裂唇嗅反应（flehmen response），使自己对气味的感应能力变得更快，就像我们看到马的上唇向上卷起，并露出牙齿那样。这并不仅仅是一个夸张的嗅闻动作，马在做裂唇嗅反应后，会紧紧地关上自己的鼻孔，这样可以强迫空气进入嘴巴，然后再进入犁鼻器中去。我们至今并不知道人类是否有一个功能性的VNO，实在让人惊讶。

嗅觉受体细胞通常也是一种神经元，无论它们在哪里被发现，脚趾头或者鼻子中，都是用相同的方式对气味做出反应。当一种气味与一个受体结合后，它会引发细胞内的一系列生化反应，最终激活神经元。在哺乳动物中，这些神经电信号被输入大脑的嗅球。嗅球再将神经投射到大脑的其他功能区部分，性只是其中的一个。嗅觉是唯一的与大脑中涉及记忆、情绪、中脑边缘奖励系统掌控的"喜欢"和"想要"的快感直接联系在一起的感觉。所有其他的感觉，包括视觉和听觉在内，都需要先通过大脑里比较低级一些的信息中转站进行处理，最终才会投射到掌管快乐的奖励中心。气味则不浪费任何时间，直抵要害。嗅觉和情绪之间的直接联系是这种感觉如此重要的另一个原因。

嗅觉在昆虫中也是一样，其中最好理解的是飞蛾。它们的嗅觉受体在触角上像网一样展开。有两种可以令雄蛾兴奋疯狂的气味：雌性的信息素和这种飞蛾需要吃的花的气味。"他们"的触角上有足够数量的受体，可以捕获这两种气味。当一个受体被一种气味刺激时，这种刺激就会被送到飞蛾大脑内的触角叶中。在飞蛾的触角叶中，有一些被称为嗅小球的细胞团。单个的嗅小球担任了"性脑"或"觅食脑"的角色，可以被不同气味刺激。与性信息素结合的嗅觉受体细胞最终投射到可以识别物种和性别的"扩大型纤维球复合体"中。另一方面，识别花香的嗅觉受体细胞则绕过这个细胞复合体，并终止于被称为"主触角叶"的区域。这正是飞蛾的"觅食脑"。

有时性和食物是相互依赖的。果蝇经常在腐烂的水果块上交配，因为这也是它们产卵的地方。探测到食物气味的嗅觉受体投射到果蝇的"觅食脑"。但是，一组对雄性交配（与食物无关）至关重要的果实气味受体，却直接投射到了"性脑"中[1]。如果这些受体不被食物气味刺激，那么这些雄性就不会去交配。这儿应该这样理解，如果雌性没有找到可以产卵的地方，那么雄性的求爱也就不可能成功。不是雄性没有骑士风度，"他"只不过想要有点策略。

我们已经对这个强大的感觉有了细节上的了解，现在可以开始探讨它如何影响动物的性生活了。

* * *

正如我多次说过的那样，最重要的两个关于交配的决定，一是找到正确的物种，二是他/她愿意并且能够交配。而嗅觉往往最擅长这个。这可能是因为一个人的气味常常与我们是谁以及我们感觉如何紧密相连。基因和气味之间的联系比起其他信号中的相同连接可能更短、更直接。

基因并不直接产生性状，因为没有真正的由于基因"产生"的行为。相反，我们的DNA产生RNA，我们的RNA产生蛋白质或者去调节其他基因。比方说，当我们提出关于"鸟的歌谣基因"这类天真的问题时，整件事就变得尤其复杂。形态、生理和行为的许多方面必须相互协调才能唱出一首歌。基因必须提供那些创造歌谣特定节奏的神经元的"蓝图"，基因必须沿着特定的路径指导软骨、肌肉和骨骼的发育，才能最终创造出鸟儿的音盒来，基因还必须以某种方式搭建一个连接所有这些部分的神经网络，才能使它们协同工作，创造出犹如诸多鸣禽参加的精彩演唱会。用来制造特定的嗅觉分子的基因编码则更为直接。基因协调生化途径，合成各种化合物，而这些化合物本身就是信号。很简单。

然而，并非所有气味都是由基因而来。环境中的气味甚至可以当作"嗅觉指纹"，暗中彰示着许多我们自身的信息。在酒吧的烟酒气中熏染一夜后的气味，就是他们行为准确无误的指纹。其他动物也会根据气味来追踪它们曾经到过的地方。蜂窝就有某些蜜蜂专职把守，它们的工作就是只让这个蜂群的成员进入。如果从某个蜂窝中取出一只蜜蜂，然后给它擦上其他蜂窝的气味，再将它重新放到原本属于它的蜂窝，这时，"警卫蜂"的反应就好像这只被摆弄过的蜜蜂闻起来跟烟或者酒精一样，或者比这更糟糕，认为它是来自另一个蜂巢的入侵者[2]。然而，警卫对这气味的反应比我们对酒鬼身上的烟酒气极端许多：警卫蜂干脆杀死了这只携带某些嗅觉信息的通信员。当面临着选择交配对象和这些从环境中获得的气味时，一个主要的信息就是，如果你闻起来像我，你就应该跟我合得来。这一招对寻找相同的物种特别好使，但我们很快就会发现，如果要寻找不同的基因，就不够用了。

气味也可以向天下昭告我们最近都和谁在一起，这个后果也可能很严重。很多婚姻的破碎都是由一个带着其他女人气味回家的男人造成的。就像我接下来要讨论的那样，大多数喷香水的女性都有一种她们认为属于"她们"的特殊气味，所以当一个招惹过其他女人的男人回家时，这个外人气味的细节本身并不重要，重要的是这是一个外人的气味。但这个出轨恶魔身上的气味也可能富含细节。有一个找婚外恋对象的交友网站——Glendale.com，报道过花花公子和狐狸精们最常用的十大香水。如果她的男人不仅带回不同的味道，而且还是娇兰的 Shalimar、Chanel 的 Coco Mademoiselle，或者 Givenchy 的 Very Irresistible，那么这可能就是该找婚姻咨询的时候了。

动物界可没有婚姻咨询，它们的解决方法直截了当。雌性红背蝾螈对出轨的伴侣容忍度很低。这种小型两栖动物在北美东北部地区很常见，通常可以在岩石下，倒下的树干和森林中的苔藓底下找到。它们是行为、生态实验的理想对象，因为它们非常适合生活在小型玻璃容器里。西南路易斯安那大学的实验者们把雄性蝾螈误入歧途的后果完整地记录了下来。他们将成对的蝾螈单独放在玻璃容器中，就像我们期望的幸福婚姻一样。随后，研究者插了一手，在雄性的伴侣心中种下了怀疑丈夫忠诚度的种子。他们将雄性移走并将"他"放在另一个玻璃容器中一小段时间，然后再将"他"送回到伴侣的怀抱。如果这只雄蝾螈是被放在一个空的玻璃容器里，"他"回到家便平安无事，但如果"他"和另一位雌性在一个玻璃容器中同处过，就要付出巨大的代价了。即使雌蝾螈跟雄蝾螈身板一样大，但雌蝾螈可以张开大嘴从雄性身体中间一口咬住，然后往地上狠狠地摔上数次[3]。雄蝾螈算是好好被上了一课，尽管这次应该是实验员，而不是这只可怜的雄蝾螈需要教育。

　　在性气味的消息传递中，环境可以将某人曾经去过哪里以及跟谁去这样的信息作为补充告知接收者。还有另外一些气味受基因影响更严重，它们可以提供不同类型的信息。果蝇、鱼、蛇和哺乳动物都会依赖被刻在基因里的嗅觉信息来识别不同的物种，但在使用气味来交配这件事上，飞蛾绝对是冠军。在这种动物中，求爱者和选择者在两性间的典型行为是相反的，雌性用气味来宣告"她们"的欲望，而雄性则潜心在这些气味中试图找到自己的配偶。雌性向空中散发出挥发性的信息素，这些气味会随风而行，直至数千米远。当雄性检测到这些信息素时，会顺着气味梯度向上，直到找着让"他"牵挂的雌性为止。信息素不仅给"他"指明方向，还会让

"他"把注意力全部集中在性上——多得可能都有些过分了。当性气味刺激触角叶时，"他"就会把那些可能正在追踪"他"的蝙蝠的声音给忘了。

有许多不同种的飞蛾用嗅觉"昭告天下"，就像许许多多不同的电台要分享有限的无线电波带宽一样。像众多的FM或者AM信号可以将不同的电台分开，大量的气味也可以用来对物种进行无错识别。尽管飞蛾的周围能存在超过100000种不同的可挥发信息素，但这也不够为全世界160000种飞蛾提供专属自己的独特化合物。然而，飞蛾并不会为每个物种分配一种独特的气味。例如，140种飞蛾还有大象都主要用同一种性引诱气味来进行信息素识别[4]。但从来不会出错，因为不同种类的飞蛾就像世界上越来越多的葡萄酒厂一样开始调配不同口味的葡萄酒，用改变不同气味比例的方法，为鉴定物种提供了另一个维度的变化。（当然，还有其他因素可以防止雄蛾与大象交配，比方说用粉碎而不是混合的方法。）

大多数飞蛾都会为它们的"性花束"挑选两种气味，并且强调其中的一种，以产生一个有主次之分的嗅觉成分混合物。有时，一个物种选用的主要成分却是另一个物种的次要成分。当飞蛾进化新信号时，它们通常改变混合物的比例而不是添加或删除某种成分。这些飞蛾似乎可以像酿酒师调整马尔贝克和赤霞珠的比例一样轻松地改变自己的气味混合物。

银纹夜蛾是一种农业上常见的害虫。作为一种毛毛虫，它不仅会严重破坏卷心菜，还会破坏西兰花、花菜、羽衣甘蓝、芥末、萝卜、大头菜、芜菁和豆瓣菜。鉴于有众多希望看到这种飞蛾死翘翘的人，有极其详尽的研究可以告诉我们飞蛾如何生存繁殖。它的性信息素是一种两个成分100：1的混合物[5]。这种蛾的触角上识别这两种成分的嗅觉细胞的数目也正好是100：1。因此，当雄蛾闻到雌蛾散发出的100份A和1份B的气味时，"他"的"性脑"中编码A和B的神经元（也就是刚刚提到过的扩大型纤维球复合体）也以相同的比例激活，这就是"他们"的大脑编码和识别交配对象的方式，如果从性气味的角度看，这就是产生性审美的部位了。但对一个物种极具魅力也可能会被另一个物种诅咒。因为所有160000种飞蛾都是从同一个祖先进化而来的，并且每个物种都有独特的性信号和独特的神经识别代码，所以信号和接收器必定进化了很久。那么，这些信号和审美过程又是如何进化的呢？

进化通常是一个缓慢又挑剔的过程。我们无法目击进化，却可以通过观察自然界中的各种图案推算出来：长着厚厚皮毛的动物生活在严寒气候中，蝙蝠舌头的长度恰好能够接触到自己授粉的那种花朵，细菌也已经不再受我们惯用的抗生素的威胁了。即使我们并没能目睹进化的过程，但我们可以假设上面列举的所有的这些关系都是由进化产生的适应性。然而有些时候，我们的运气实在太好了，进化就在我们眼皮子底下发生。

在一个银纹夜蛾的实验品种中，一种新的物种识别信号和它的神经代码的进化过程就发生在研究者的眼皮底下。一天，被闪电击中（打个比方），一些带突变的雌性开始用50：50的平均比例，而不再是100：1的比例混合"她们"的信息素混合物了。最初，这些突变的雌性并没有引起雄性的太多关注，但闪电再次打了过来，一些雄性进化出了一种新的偏好，突然让这种新的突变混合物变得非常有吸引力了[6]。

　　雄性银纹夜蛾改变了什么让这些平时只是带着奇怪气味的雌性闻起来突然就那么性感了呢？一种符合逻辑的假设是，突变的雄性大脑中的识别码从100∶1变为50∶50了。但正如我们之前所见，符合逻辑的解决方案并不总是生物选择的解决方案，这又是一个例子。在这些雄性中，大脑中的识别码仍然一样——理想的配偶仍然需要神经元以A和B间100∶1的比例激活，即使雌性发出的信号是A和B比例相等的气味。这是怎样一回事呢？在这种情况下，进化的是受体，组分B受体的敏感性变了，它们的增益[①]减少了一百倍。也就是说现在需要100个单位的气味B才能像从前1个单位一样在嗅觉−性大脑通路中引起相同的反应。大脑中识别信息素的代码仍然是100∶1，尽管两种信息素的数目在空气中和受体上是一样的。尽管刺激物的比例非常不同，突变和正常的雄性银纹夜蛾都是用相同的形式定义了性审美。野生型和突变型的雌性气味完全不一样，在自己同伴眼中，却是一样性感。

＊　＊　＊

　　物种形成的另一面是杂交。不同物种间交配通常不会产生能繁殖的后代，但杂交还是可能发生的。这时，后代既不是母亲的物种

---

① 一个系统信号输出与信号输入的比例。——译者注

也不是父亲的物种，而是一个混合物。当我们扰乱动物的感官时，就可能发生杂交。我在探索加利福尼亚州海岸线外的海藻森林时提到过我的一个同伴，鱼类生物学家吉尔·罗森塔尔（Gil Rosenthal）。当他还是我的研究生时，我曾向他介绍过墨西哥东北部的自然奇观剑尾鱼。此后不久，吉尔就向我介绍了墨西哥伊达尔戈山区的两种奇妙的剑尾鱼。在一个难忘的圣帕特里克节，那时伊达尔戈青翠的山丘有那么一丝像爱尔兰（虽然没有彩虹），我们徒步半日到了山间的一个谷地，这也是两种剑尾鱼——*Xiphophorus malinche*和*X. birchmanni*居住的地方[7]。我想起贾尼斯·埃（Janis Ian）的歌曲《社会的孩子》，这首哀伤的歌曲要求人们"与自己的同类在一起"[8]，两种剑尾鱼知道彼此不是同类，并且服从了社会的命令，确实那么做了。

但并不是处处都这样。之后的一次，吉尔作为一名教授和他的研究生海蒂·费舍尔（Heidi Fisher）一起在一条较大的河流上的一个站点工作，这里两种剑尾鱼都能找到。同样，这两个物种通常会遵守不与异种交配的标准生物礼仪。但有一天，吉尔和海蒂发现有乱伦事件爆发的迹象——杂交鱼已经多得发疯了。*X. malinche*和*X. birchmanni*却表现得漠不关心，至少是完全察觉不到它们的交配对象到底是谁[9]。研究人员推测这种不分物种的交配可能与最近在上游建造的橘子加工厂有关，它排放的废水污染了这个站点并导致河水的富营养化。他们对这些鱼进行了实验，结果发现，对当地取来的河水进行实验时，雌性完全不能区分不同的物种。然而，如果在清洁的水中对相同的雌性进行实验，"她们"又都恢复了典型的生物学规范，选择自己物种的雄性。吉尔和海蒂意识到，富营养化有个副产品叫腐殖酸，而且腐殖酸可以与嗅觉受体结合。腐殖酸能影响雌性剑尾鱼辨别交配对象的能力吗？他们再次用干净的水对雌性进行了测试，雌性仍然偏好同一物种的雄性，这时若向水中加入腐殖酸，雌性的辨别能力就消失了。当腐殖酸的作用逐渐消失时，雌性又再次将自己的性欲发泄在自己物种的雄性身上。这一切都完美地符合逻辑。我们无法欣赏黑暗中的视觉美、被城市声音覆盖的悠扬歌曲，又或者是鼻子被占住以后的性的气味。你不能想要一个无法感觉到的东西。

气味可以告诉选择者的信息远比求爱者的物种属性更多。我知道大家已经厌倦听到这句话了，选择者有非常强大的能力选择与同一物种的同伴交配，因为它们的基因是融合互补的。像剑尾鱼这样通过结合不同物种的基因来生宝宝并不是一个有效的方法。因此，选择配偶的首要任务是找一个基因相似的伴侣。然而，在同一个物种中，也不是所有的基因都是相同的。我的眼睛是蓝色的。如果你有棕色的眼睛，你就有一个不同的控制眼睛颜色的基因（当我们说不同的"基因"，我们通常指的是同一基因的等位基因或突变基因）。我是爱尔兰人的后代。如果你来自中东，我们就会有一些遗传差异，而且我们都和亚洲人不一样，他们的基因组中有大约20%来自我们的尼安德特人亲戚[10]。即便如此，没有什么基因能有MHC基因这样多的变化。

"主要组织相容性复合体（MHC）"是一组我们免疫反应中的基因，可以识别外来细胞如病原体和寄生虫，一旦发现，MHC就会招募T细胞进行抵抗。MHC基因需要极大的可变性，以便准确区分细胞里的朋友和各种各样的敌人，这里的"朋友"指的是我们自己的细胞。这就是为什么MHC基因在所有的脊椎动物基因中变化最大。也正是因为有这些变化，个体可以选择一个让后代有更好的对抗疾病的能力的配偶，最好比父母任何一方都强，也就是说，选择者只要能与一个MHC基因明显不同于自己的求爱者交配就行。但是，我们脊椎动物怎样判断我们的爱人到底符不符合MHC的标准呢？

基因组学的发展已经能让我们看到潜在伴侣的MHC基因，然后与我们自己的进行比对，以确定至少在MHC基因方面，两个人是最佳匹配。我预测在不久的将来，相亲网站就会提供费用高昂的基因组扫描服务了，而最先开始的就应该是MHC。如果动物，或没有钱支付基因组扫描的人怎么办呢？我们是否只能承认MHC属于潜在伴侣的内在属性，就像暴脾气或有饮酒问题一样，等发现时就太晚了？我们是否必须等到有证据表明我们的孩子免疫力不足时才能知道我们选了一个糟糕的伴侣呢？不。实际上我们早就已经对潜在伴侣的MHC基因非常关注了，只不过我们自己并不知道而已。

我们看不到基因，但基因是表型的基础。眼睛的颜色就给了我们这个基因非常准确的信息。在另外一些情况下，表型却并不能非常准确地预测基因，因为这时可能有许多个而不是单个基因对表型有贡献，而且环境可能在决定个体的外表上起到压倒性的作用。举个例子，基因决定着人的体重，但啤酒、冰淇淋、生活宅不宅同样有决定权。外表很有欺骗性，特别是在优生学家的眼里。

然而，动物的气味却是一个可以观察MHC基因表现型的绝佳窗口。气味和基因之间的这种联系在啮齿动物中最易理解，因为

"小鼠的尿液"中的气味与MHC变异相关。在已经研究过的物种中，具有相似MHC基因的啮齿动物闻起来也相似，而具有不同MHC基因的啮齿动物闻起来就会不同。这就为建立一种美的新标准打下了基础，不是说MHC基因本身，而是它们产生的气味。这种性审美是相对的。求偶者MHC基因的细节并不重要，只需要这些基因与选择者的不同就够了。有一点需要记住，这种基于MHC的配偶选择只发生在那些使用气味作为选择配偶重要标准的动物中。

那我们人类呢？我们对气味比较敏感，我们也都知道气味在找对象这个过程中有多么重要。我们使用鲜花作为求爱的礼物不仅是因为鲜花看起来很漂亮，而且因为它们香气袭人。我们还会提到，人类有一个十亿美元的香水行业，把香气装进瓶子里，来扩大我们自己的香气种类。此外，我们的许多行为和生理活动也可能会被气味下意识地影响。玛莎·麦克林托克（Martha McClintock）的一项经典研究表明，同宿舍大学女生的生理周期经过一段时间后会慢慢同步[11]。唯一合乎逻辑的解释就是气味，麦克林托克后来发现了这个气味，这也是科学史上发现的第一种人类信息素。

人们的行为会受到一些故意被忽略的微妙线索的影响。关于气味在性行为中的作用的研究中，《求偶思维》一书的作者杰弗里·米勒（Geoffrey Miller）发现在脱衣舞俱乐部中，当脱衣女郎处于排卵期时，男人会愿意付更多的小费[12]。虽然这项研究存在着诸多不受控制的变量，比如女郎自己的行为，米勒却认为是脱衣女郎的气味让观赏者们变得更加慷慨。尽管并没有经过实验的验证，但考虑到麦克林托克对气味和月经周期相关性的研究，这一结论似乎也不算太牵强。然而,"臭T恤"实验现在已经成为一个说明人类嗅觉和性冲动之间有普遍联系的重要实验,特别是证明了MHC气味是我们性审美中一个我们自己都没意识到的重要评价标准。

这正是克劳斯·韦德金德(Claus Wedekind)和他的同事们做的实验。就像许多人类实验一样,男性大学本科生作为实验参与者自愿连续两晚穿着同样的T恤。在此期间,他们不能洗澡或使用任何有气味的个人用品,如香水、古龙水或腋下除汗剂等。经过这番折腾之后,他们将自己的T恤衫放在一个塑料袋中,带回实验室。女性接着开始逐个闻T恤衫,然后给这些衣服上的气味是否吸引人打分。此外,这些男性和女性都已经测试过他们的MHC类型,并且女性需要报告她们是否正在使用口服避孕药[13]。

结果发现女性会认为MHC类型与自己不同的男性气味比带有更类似MHC基因的男性气味要更有吸引力。与从动物研究中的推测一样,气味的吸引力并不是绝对的——并不是有些人就比其他人更好闻——这个现象非常依赖于当下的情形。气味有无魅力取决于闻这个气味的女性自己的MHC类型。这是一个"脏脏的"参与者参加的结果"干净的"聪明实验:女性感知美丽,就像啮齿动物、棘鱼,以及无数用嗅闻帮助交配的动物一样,会受到基于MHC基因的气味的影响。(有一点需要注意,这个结果在一些研究中能够被重复,但在其他研究中则不行。[14])在人类中发现的基于MHC的气味偏好与发现女性嗅觉在排卵期异常灵敏的其他研究相当吻合,这时她潜意识里就是想要交配。还有一点,女性将男性的气味列为选择性伴侣的最重要因素,而男性则认为女性的外表最为重要。

这个臭T恤实验有一个小小的陷阱。只有在女性不服用口服避孕药的情况下才会显现出这个气味偏好。如果她服用避孕药，她的偏好就会反过来。带有更类似而不是更有区别的MHC基因的男性的气味会更加性感。为什么口服避孕药会这样呢？为什么影响生殖激素周期的药物会让性的味道产生偏差呢？

让我们先回到根据MHC基因选择配偶的理论基础。我们的预测是，如果选择者可以评估MHC基因，那么她就应该更喜欢具有不同MHC基因的配偶，因为他们会产生更健康的后代。前面说过，MHC在免疫功能中的作用使MHC有很大的变化。而这种"遗传变异性"也可以表明我们彼此之间的关系有多密切。除了交配，许多动物使用MHC的变化作为表明家族信息的线索，通常在它们寻求帮助或想要分享公共物品时。例如，蝌蚪会通过"自私兽群"效应结成一群，以减少被捕食的风险。蝌蚪的数目越多，对某一只蝌蚪而言，被饿急了的鱼吃掉的可能性就越小[15]。但是，当它们在跟伙伴分享这种福利时并不一视同仁，它们更喜欢和自己的兄弟姐妹而不是其他路人一起结群。仔细闻闻那种MHC带来的气味会让它们知道身旁的邻居到底是自己的兄弟姐妹还是其他蝌蚪。

会不会是吃避孕药的女性可能更关心对方是否为亲属而并不想交配？避孕药是通过改变女性的生殖激素水平来模拟怀孕。当一个女人怀孕时，就不再会排卵，所以如果一切都很完美，那么吃避孕药的女性就不会怀孕。Wedekind和他的同事们发现，服用避孕药的女性潜意识里并没有想交配的欲望，或者至少没有把繁殖作为目标，因此她对能够表明MHC基因情况的伴侣的气味一点不感兴趣。

好吧，这听起来挺有道理，但这些女性又为什么会更喜欢相反的情况，有相似MHC基因的男性的气味呢？由于这些女性的荷尔蒙会表明她们已经怀孕了，所以就该是怀孕后的策略起作用了。也就是找到那些可以帮助抚养孩子的（我们知道这需要一大帮人），"不自私的那一群"。还有谁比亲戚更适合帮忙带孩子呢？在当今高速移动的社会中，我们并不总是住在可以帮忙解决家庭生活难题的亲人身边。但研究人员指出，我们今天的生理习性，无论是形态、行为，还是性审美，都有着自己漫长的进化史。它们有时候会更适应过去的，而不是现在的情形。

正如研究者弗利兹·沃拉斯（Fritz Vollrath）和曼弗雷德·米林斯基（Manfred Milinski）所指出的那样，配偶气味的偏好和口服避孕药之间的这种相互作用可能会产生一些不幸的意外[16]。假设有一对情侣正在约会并且这位女士正在服用避孕药。他们坠入了爱河，结婚，并且一直很高兴，所有的这些婚姻的幸福让他们决定生个孩子。女士停止服用避孕药了，突然她枕边的那个男人闻起来就像她的叔叔一样！好吧，并没有。但是现在她被暴露在一个MHC基因跟自己更相似而不是不同的男人的气味中，她发现他并没以前那么好闻。我们不知道这样的情况究竟在现实生活中会不会发生，想结婚的恋人一定要考虑清楚哟。

* * *

达连国家森林（Darién National Forest）是联合国教科文组织世界遗产，离我上次提到过的爱丁堡的那个世界遗产里拥挤的街道和风笛手很远。在这里，红绿金刚鹦鹉叽叽喳喳的叫声取代了风笛有节奏的旋律，也没有红灯告诉你应该停下来，绿灯让你行进。达连是一个12000平方千米的丛林，位于巴拿马南部，与哥伦比亚接壤。它被称为"无法穿过的地方"，是从阿拉斯加到阿根廷48000千米长的泛美公路上唯一的缺口。这个地方也是巴尔沃亚①从大西洋登陆巴拿马地峡的地方，然后往另一边行进"发现"了太平洋。

达连隘口可能对某些人来说是难以穿越的，但是安巴拉土著人从18世纪后期就已经在这里生活了，那个时候他们将当地的古纳人生生地赶到了圣布拉斯群岛和邻近的大陆上。今天，想在隘口中随便逛逛仍然很麻烦，小船、马匹和徒步才是最有效的交通工具。但是，对于在巴拿马西部山区杀死了许多青蛙的壶菌来说，这种森林也没什么了不起。我们发现，它最近已经扩散到了达连[17]。

达连是西半球，甚至是全世界生物多样性的主要热点之一。在这里繁衍特别茂盛的一种生物是兰花。它们长着长长的、结构简单的绿叶，通常寄生在树冠顶部。想要看到很多兰花，一种方法是去找一些倒下的大树，这样树冠就降到了跟你一样高的水平。这种情况出现得比你想的要更加频繁。我一直惊讶于热带地区有这么多大树因为大风或暴雨倒下来，大概是这里的土壤又湿又薄吧。这也是为什么这么多的树木都用巨大的板根来防止自己倒下。倒下的树在雨林的生态系统中至关重要，因为它们给树冠撕了一条裂口，让平

---

① Balboa，文艺复兴时期欧洲探险家，对0巴拿马地峡进行了探险，并率领一队欧洲人首次看见了太平洋。——译者注

时昏暗的森林地表能够享受到阳光的些许眷顾。森林里的土壤是一个种类繁多的种子库，鸟类和其他动物的排泄动作将它们传播开来，直到某一天开始受到充足的光照。拉开树冠的帘子让一些光照进来，然后，各种各样的树就开始萌芽。树冠上被撕开的光照口子是促进森林里植物多样性最重要的因素之一。

光照口也是一个可以找到生活在树冠上的物种的好地方，无论是树蛙、昆虫，还是寄生兰花和凤梨花。我们曾经徒步穿过了一个巨大的光照口，这是一棵巨大的高腰果树撞到地面后打开的。这位森林里的巨人属于漆树科（Anacardiaceae），可以长到50米高。当这棵树倒下时，也带倒了许多小树木，其中有许多都挂满了兰花。

在第三章中，我曾经谈到过带有欺骗性的兰花如何利用兰花蜂想要性交的欲望来帮助授粉[18]。这个壮举是通过兰花进化出带有雌蜂轮廓和香气的花实现的。但是，至少有一种情况能让雄蜂觉得兰花的香气比一只处女雌蜂的味道还要有吸引力。为了有足够的欺骗性，这些植物已经进化成蜜蜂界的顶级香水了。然而，有些蜜蜂却又反过来把兰花的这种香味为己所用。它们将兰花的香气与几滴自己的脂滴混合起来，就产生了类似香水工业中使用的精油。蜜蜂吸收植物中的香味，并将它们储存在自己的体囊中，为以后的求爱做准备。在这个古怪的自然之网中，为了吸引雌蜂，雄蜂利用兰花的气味改变自己的表型，而兰花的这个气味又是为了吸引蜜蜂来帮助自己的性活动而设计的。

如果一只雄蜂因为需要自己的求偶气味而依赖兰花，而兰花又消失不见，怎么办？这种情况已经发生在一些原产于中美洲的兰花蜜蜂（*Euglossa viridisima*）身上了。这种蜜蜂被送到了佛罗里达州，一个没有属于它们的兰花香味的地方。但这些蜜蜂也不是没有办法。它们从十几种带有兰花香味的花中收集气味，然后合成属于自己的那种兰花香味。事实上，在寻找早已消失的香气时，蜜蜂们甚至挺有创造力，还在里面加了一些九层塔来提味。所以我们可以看到，人类并不是唯一依赖外界力量来增强自己性气味的物种。

* * *

香水是人类改变自己性审美的伟大壮举，它在人类的浪漫史中起到了传奇的作用。有一些香气似乎直接进入了"性脑"，一个可以立即引发喜欢和渴望的地方。是什么让我们制作的气味可以让自己变得更加有魅力呢？这个问题我们能不能去问问那些香水制作者呢？

钱德勒·柏尔（Chandler Burr）的《香水帝王》中的主角卢卡·都灵（Luca Turin）给出了对香水行业的一些新鲜有趣的见解[19]。想想看这个50亿美元的产业，赌注如此之高，关于香水的理论应该早就很圆满了。都灵却认为事实完全相反。这个行业由有机化学家组成，他们知道哪种香水是成功的，然后采取了一种相当随意的、逐一尝试的方法来组合各种化合物。然后，用一组"鼻子"对这些产物进行测试，淘汰其中的绝大多数。这是一种成本非常高效率却很低的方法，因为最终只有很小一部分香味可以上市。

都灵认为，如果香水行业能够了解更多嗅觉的生物学知识，就可以用一些逆向工程的概念来提高其成功率了。他认为，问题在于我们不知道嗅觉是如何作用的——言下之意是说他是少数知道的人之一。他认为嗅觉不是一种让气味的分子结构"恰好"契合在受体里的"锁与钥匙"模型的机制，而是基于气味分子本身的振动形式，检测方式更类似于我们处理声音的方式。当然，到目前为止，都灵的理论都还没有得到什么有力的支持，但谁知道呢，也许他是对的。

无论我们如何感受香水，理论上香水一直是我们用来掩盖难闻气味的一种物质。马克斯·普朗克进化生物学研究所所长曼弗雷德·米林斯基（Manfred Milinski）却认为并非如此。米林斯基在MHC和棘鱼的配偶选择上做了一些开创性的工作，他一直专注于研究气味和性吸引力之间的关系[20]。他也一直对人类的研究感兴趣[21]。他发现一些香水容易让人联想到体味，进而认为香水是一种利用我们的嗅觉偏好来增强我们的MHC气味的产物。由于我们对MHC衍生而来的气味的效力有越来越多的了解，米林斯基关于香水起源的想法似乎也是有道理的。这似乎合乎逻辑，但它是否符合生物学事实呢？我们又如何可以验证这个想法呢？

最直接的方法是找到我们自己的MHC气味，然后将这些气味的化学物质与我们喜欢的香水的化学物质进行比较。关于MHC气味的研究还没有走到这一步，而且，只知道组成某种气味的几种有机化合物并不一定能告诉我们到底是哪种气味最有效果。米林斯基和因为臭T恤实验闻名的克劳斯·韦德金德，分别用了不同的方法来回答这个问题。

在一项提取了数百名男性和女性 MHC 类型的实验中，实验对象要从36种经常用来生产香水的不同的化合物中选择自己喜欢的香味，以及他们希望伴侣带有的香味。虽然我们不知道自己的 MHC 气味是什么味道，但可以假设相同 MHC 基因的人带有相同的 MHC 气味，因此研究人员预测，具有相同 MHC 基因的人也应该喜欢相同的香水气味。事实也的确如此[22]。

对伴侣的气味有没有偏好呢，你希望他闻起来是什么味道？有一种预测是我们不希望伴侣闻起来和我们一样：只要闻起来不同，你的伴侣具体闻起来什么样并不重要。请记住，我们所了解到的是，基于 MHC 气味的偏好非常重视与我们自身不同的基因和气味，但在哪个方向上不同却没有区别。对伴侣希望气味的实验结果符合这一预测：人们希望伴侣闻起来与自己不同，但到底伴侣的哪种气味更好闻，在带有相同 MHC 基因的人群里并没有一致性。

* * *

我们现在已经讨论了性审美中涉及的三种主要感觉：视觉、听觉和嗅觉。还有一些感觉也是我们和其他动物的性行为需要的——比如触觉。但我们对这三大感觉了解最深，其生物学原理使我们明白了为什么我们和其他动物会认为某些个体比其他个体更有魅力。然而，我们的性审美并不处在真空里。在下一章中，我们将看到社会环境如何对我们的审美产生惊人的，甚至是非理性的影响。

第七章

我的喜好变化无常

女人永远那么善变又摇摆不定。

——维吉尔

在前面的章节中，我们已经讲过存在于大脑中的偏好可以怎样影响我们的性审美。其中的一些偏好甚至已经进化成能将选择者引向更好的配偶：正确的物种、异性、没有疾病、互补基因，还有更多的资源。在某些情况下，对美的偏好还有其他配偶选择之外的原因，而求爱者则进化出能利用这些偏好的特征：看起来像食物的多余器官、听起来像捕食者的鸣叫声，以及可以刺激为寻找猎物量身设计的眼睛的求偶颜色。在所有这些情况下，我们都认为这些对美的偏好是固定的——在一只雌孔雀眼中，一只雄孔雀的尾巴不会因为是星期一早上就看起来小一些。

然而，喜好变化无常也非常常见，甚至可能是一种规律而不是例外。从有记载开始，你就可以听到男人用"维吉尔的小情绪"（泛指女人的情绪）抱怨女人。这种言论被当作是对女人的批评，但它只意味着女人在判断男人的魅力时，会经常改变主意。不仅是女人，甚至整个人类对美的判断都有些变幻莫测。这种善变的存在有许多充分的理由。在本章中，我们将深入探讨为什么对美的感知会实时变化，而不仅仅是随着演化变化。

* * *

房间里的时钟一直不停地嘀嘀嗒嗒，所以我们知道时间在飞逝。但我们通常会无视时间在我们感知世界以及判断这些感知上起到的强大作用。我们对性审美的看法又尤其容易受到时间的影响，如果有那么一丝自己被时间操纵的感觉，又会决然否认。谈到美，我们会认为有一套固定标准。我们的标准可能会在以年为单位的时间内发生变化，但不太会在数月、数周或数分钟内改变。但是，变化有时就是发生在一眨眼之间。

如果要记录各种找性伴侣时的尝试以及发生的灾难，那没有什么东西比西部乡村音乐更合适了。有一位乡村歌手米奇·吉尔利（Mickey Gilley），在他的歌曲"Don't the Girls All Get Prettier at Closin' Time"（难道女孩儿不是在打烊的时候更漂亮吗？）中给出了一个关于我们性审美转变的相当巧妙的观点[1]。这首歌在许多男人中引起了共鸣，因为它正好展示了我们如此变幻无常，毫无控制力，又死不承认的特点。故事是这样的：吉尔利先生在歌里唱了一个在酒吧里找女伴的男人。他在傍晚时走了一圈也没找到一位符合他标准的猎物。随着打烊的时间越来越近，形势丝毫也没有要改善的意思，现在这位孤独的牛仔又将面对一个孤独的夜晚了，他该如何是好？

孤独先生可以通过降低标准来解决这个问题，反正这些标准也都有些不切实际，所以他才如此孤独。歌词里也正是这样唱的，只不过他会为此付出一些代价。当他第二天睁开眼，就得面对一个因降低自己的性标准而产生的不和谐画面："如果我给她们从1到10打分，/ 我一直在找一个9，但8也可以，/ 多喝几口酒，我就降到了5或者4，/ 但当我第二天早上醒来发现是一个1分，/ 我发誓我再也不会这样了。"孤独先生真是不幸，他本可以用另一种方法来保持他的评分标准，只要改变他对美的定义，就能让更多女人打上8分或者

9分了。这样一来，他就可以把自己从违背原则的负罪感和尴尬中解救出来。

吉尔利的歌相当有趣。但这不仅仅是一首歌，歌里的隐喻甚至刺激科学家做了一些真正的科学研究。杰克·彭内贝克（Jamie Pennebaker）和他的同事在1979年写道[2]，"尽管心理学的发展试图跟上歌曲创作者提出假说的步伐，但关于感知的身体魅力的研究已经远远落后于当前局势了"。随后，他们只好研究"酒吧打烊时刻临近时，对美的感知如何改变"的课题来纠正这种情况。

研究人员夜访弗吉尼亚的酒吧，要求酒吧客在一晚间按1到10的吸引力等级对酒吧的同性和异性进行评分。结果令人诧异。男性和女性顾客在夜间为自己的同性打分呈略微减少的趋势，但随着酒吧打烊时间的临近，他们给异性打的分数显著上升。这项以吉尔利的歌命名的研究证实了他的假设，女孩们在打烊的时候确实会变得更漂亮一些，至少看起来是——男孩们也是如此。彭内贝克对这些结果的解释之一是基于心理学的认知失调理论，或者像作者所说的："如果受试的酒吧客只想找一个异性一同回家，那么钓一条没有魅力值可言的鱼就显得不太协调。减少这种不协调的最有效方法就是在感知上增加其他人的魅力。"这非常类似于教授在考试中调分，然后告诉自己书教得不错。

彭内贝克的这项研究于2010年在地球的另一边重复了一次，希望解决原来研究中的不受控变量——酒精。这本书的口头禅是"美存在于旁观者的眼睛里"，但我们也知道，有时候美存在于手拿啤酒的人的眼睛里。这项最近的研究是在啤酒为王的澳大利亚进行的。研究程序与弗吉尼亚的研究相似，结果也是一样：随着夜色愈发深浓，异性的魅力逐渐加强。但这项澳大利亚的研究中，研究人员还测量了这些酒吧里选美评委的血液酒精浓度。研究结果显示出"啤酒挡风镜"的效果：当评判官喝的酒比较多时，人们看起来会更有吸引力。然而，即使控制了酒精浓度这个变量，仍然可以观察到这种打烊效应影响着我们对美的感知[3]。因此，塑造我们性审美的所有先天、后天的努力都可以在酒吧时钟的嘀嗒声中被抵消掉。

并不是只有酒吧里才存在神奇功效的时钟。所有的动物都有自己的生物钟，其中特别让人不愿承认的是衰老。著名的社会进化理论家罗伯特·特里弗斯（Robert Trivers）在他的著作《欺骗与自欺》（*Deceit and Self-Deception*）中对自己嘀嗒流逝的性审美也自我解嘲了一番。特里弗斯谈到他有一次在街上跟一个颇有姿色的年轻女子搭讪，突然往边上瞥了一眼，发现有一位头发灰白、驼着背、步履蹒跚的年迈老人跟着。特里弗斯加快步伐，偷偷瞥眼一看，那位烦人的跟踪者还在那里。突然，特里弗斯意识到他自己就是那位跟踪者——他瞥见的只是自己在商店橱窗玻璃上的影子而已[4]。旁边有一位年轻漂亮的女人相伴，让他感觉到自己还很年轻，以至于有那么一刻他甚至认不出自己来。

女性对自己生物钟的关注比男性要强烈许多。女性身上有两个与生殖息息相关的生物钟。用不着奇怪，这两个生物钟都能影响女性的美，调节她们的性需求。第一个生物钟控制着生殖周期。在第五章中，我们讨论了白冠麻雀的生殖激素周期如何影响它们对异性的"喜欢"或者"想要"。女性每个月都要经历同样的事情。与所有的脊椎动物一样，女性每个生殖周期中排出卵子并且可以受精的时间是有限的。在前面的章节中，我用例子说明了人类和其他动物如何设计自己的美。如果让自己看起来漂亮可以帮助找到配偶，并且交配的目的就是让卵子受精，那么人们就可以预测女性在排卵期间会更加注重自己的外貌。进化心理学家玛蒂·哈塞尔顿(Martie Haselton)和她的同事就恰好做出了这样的预测。

她们检验这个"排卵期-打扮"假设的方法很简单。给分别处在排卵期和非排卵期的女性拍照。随后，研究者再给评审人看这些照片，他们需要从同一位女性的两张照片中挑出他们认为更好看的一张来。测试结果与研究者们的预期重合度很高。一般说来，处在排卵期的女性要比自己处在非排卵期的时候"更时髦漂亮，暴露更多的皮肤"[5]。排卵期打扮并不局限在视觉上。在另一项研究中，哈塞尔顿发现女性在排卵期时说话的音调更高，更女性化[6]。最后，处在排卵期的女性不仅会改变自己，还会对其他女性下手：对她们的外貌更加刻薄，并且不太可能与她们分享物质奖励。正如哈塞尔顿和她的实验组指出的那样，这些结果可以用来解释一些之前的发现，男人为什么会在自己的配偶处在排卵期时希望更多地占有她们（在动物界，我们称这个现象为"配偶保护"）。或者，这也可能只是男人在这个时候有更多东西可以失去，无论女性是否在此时对自己的生育能力广而告之。

女性的第二个生物钟是衰老，它在最后一刻到来之前不厌其烦地嘀嗒作响。提到生殖力，女性在接近更年期时，会被这个生物钟逼得尤其紧。尽管我们现在知道精子中的遗传突变也会随着年龄的增长而增加，并且让卵子受精的能力也会随着年龄的增长而减少，但一个男人的精子几乎可以在他的一生中一直保持活力，即便自己已经没有多少意愿了[7]。然而，女性从二十几岁开始，生殖力就开始随着年龄的增长而下降，直到更年期为止，那时生育就已经不是一个选项了。但女性也并没有一味地去承受这种压力，根据朱迪思·伊斯顿（Judith Easton）和她同事的说法，"女性已经进化出一种加速繁殖的心理适应性，来利用她们剩下的生育能力[8]。"这种名字花哨的适应性到底是什么意思呢？很简单：中年女性会有更多的性幻想，实际上她们比年轻女性性生活更多。对于这个现象的解释是，当时间所剩无几时，不论是在酒吧还是生育期，都没有时间过于挑剔了。

这个关于打烊时刻的讨论就要结束了，但不要认为只有人类才对时间如此关注。凯瑟琳·林奇（Kathleen Lynch）研究了南美泡蟾，发现它们也有随时间变化的审美观。正如我们在第二章探访它们的狂欢节时发现的那样，一只雌南美泡蟾只会在"她"准备交配的那个晚上出现在性市场上。如果那天晚上"她"没有交配成功，那么"她"所有排出的卵就会被浪费掉。这些基因再也无法进入基因库，而是从雌性的生殖道中一泻汪洋，成为在"她们"本应进行繁殖的池塘里游来游去的鱼儿和昆虫的食物。雌性南美泡蟾是否也有"加速繁殖的心理适应性"来抵抗这种浪费呢？的确有，说不定也是从米奇·吉尔利那里得到的灵感。林奇用一种电子合成的交配鸣叫声来引诱雌性，这种鸣叫声与普通雄性泡蟾的叫声大相径庭，其他的研究表明这种叫声对雌性泡蟾没有什么吸引力。傍晚的时候，雌泡蟾在实验台上被广播里的正常叫声吸引，却通常会忽略这种不正常的叫声。而当夜深时，雌性开始接近自己的打烊时刻时，"她们"可接受的审美标准就已经完全变了，现在"她们"对这种不正常且通常没有任何吸引力的鸣叫声已经颇为接受，甚至比在之前听到正常的鸣叫声时更快地回应了这个鸣叫声[9]。

不只是雌南美泡蟾需要这样善变，其他的雌性动物对年龄的反应也很相似：年龄大的蟑螂不需要怎么被追求就会同意交配，而孔雀鱼和蟋蟀也会随着年龄的增长而变得不那么挑剔。随着打烊时刻的临近，所有的动物都会变得更加宽容，也许是减少了它们心中的"不和谐"吧。

在人类中，不论男女都会随着年龄的增长而改变性策略：比如通过打扮来增强他们的性审美，或者仅仅是对自己的性魅力带着自欺欺人的乐观。在动物中，被死神步步紧逼而放弃原则的雄性的例子则要少得多。雄性果蝇（Drosophila melanogaster）就是一个挺有启发性的例子，对"他们"来说，死亡也来得太快了——不过30天，就从世上彻底消失了。

雄果蝇破蛹而出后仅仅2天就有成熟的精子，但与7天的兄长相比，"他们"让卵子受精的能力差一些。这些年幼果蝇在与兄长们争夺雌性的时候也处于不利地位。对于雄性和雌性果蝇两方来说，一旦交配就可以马上拥有孩子，但这同时也会缩短自己的生命，因为，求爱和繁殖这两件事都消耗了太多的能量[10]。所以年幼雄果蝇在成年之前暂时放弃交配是可能有一些优势的，至少到时再交配产生后代的可能性更大。有许多的办法可以避免年幼时发生性行为，但正如我们对自身的了解，禁欲并不是有效的办法，尤其是意志力薄弱的时候。果蝇在进化过程中的解决方案是，年幼的雄性与更敏感的成年果蝇相比，需花费更多时间辨认雌性。

在前一章中我们讨论过，飞蛾求偶过程中需要用到嗅觉神经元（ORN），这些嗅觉神经元中需有fruitless基因的表达，该基因在求偶过程中起关键作用。果蝇也有fruitless基因——事实上，这个基因就是在果蝇中发现的，表达fruitless基因的嗅觉神经元也是果蝇求爱的关键，只不过有个更性感的名字OR47b[11]。当研究者让7天龄和2天龄的雄果蝇进行性竞争时，年长雄果蝇对年幼雄果蝇有2：1的胜率[12]。这是因为成熟些的雄果蝇可以更快地发现雌果蝇吗？研究人员用敲除OR47b基因的方法研究这个问题。他们将突变后的7天龄果蝇放入同龄的正常果蝇中相互竞争：正常的雄性交配次数更多。因此，OR47b神经元对年长雄性的交配起到关键的作用。年幼雄性也同样如此吗？当用年幼雄果蝇重复实验时，结果却大不相同：缺乏OR47b受体的2天龄雄果蝇与正常的2天雄果蝇表现一样好。不管两天龄雄果蝇是否拥有携带OR47b受体的神经元，"他们"的交配成功率并无甚区别。

这些结果表明，OR47b神经元可以解释年幼和年长雄性间不同交配成功率的问题。为什么呢？一个简单的猜测是，这些神经元在年长的雄性中更成熟、更敏感。为了测试这个想法，研究人员记录了OR47b神经元的神经电信号，就像我们在第二章中对南美泡蟾做的那样。只不过这次研究者不是给某只泡蟾播放叫声，而是将雌性的气味吹过雄性的受体，他们发现7天龄果蝇的OR47b受体比2天龄果蝇的敏感100倍以上。在这种情况下，驱动着耄耋老人对性机会如此反应的原因则与之前讨论的大多数例子不同。大龄雄果蝇进化出对雌性的高度敏感性，是为了抑制年轻果蝇的性欲。一只雄果蝇在年纪轻轻时，是不太可能成功吸引雌性的，这种努力实际上还可能会增加"他"的死亡风险。至少在这个例子中，长者并没有变得更智慧，只是更敏感而已。生物钟可以解释包括我们在内的动物为什么会有如此不同的性魅力标准。所以，如果下次对找对象的标准又变了的话，先看看是什么年纪。

* * *

不仅仅是自身的生物特性让我们变幻无常，这个过程也有外部力量的参与。我们总是希望自己是独一无二的个体。从技术上讲，这也是事实。没有两个人是完全相同的。但是组成"我们"的大部分都是从别人那里复制来的。我们的基因是从父母的基因复制而来，语言是我们小时候从别人那里模仿而来，而音乐、艺术、食物和我们鼎力支持的运动队是我们从周围人群中感染到的文化规范。此外，青少年性行为、大麻和酒精的滥用，还有令人恼火的青春期叛逆等都至少可以部分归咎于无法抵抗的模仿同伴的行为。这大部分都挺有道理。动物都有社交的一面，尤其是人类，属于最擅长社交的一类。由于我们周遭有大量的公共信息，有时候，社交是一个非常有利于我们的活动。比如说，如果某人成功了，那就按照他的来做，最好也能得到同样的结果。如果我们想融入一个群体，就总会感受到一些必须从众的压力。然而，并非所有同龄人都是生而平等的，同龄人的压力也各不相同。我们都知道，谨慎选择朋友圈是拓展增强自身表型的一种方法。

电影《律政俏佳人》（Legally Blonde）就是一个绝佳的例子。一个傲慢的年轻小姐拒绝了一个笨拙又书呆子气十足的年轻男人的约会请求——"像我这样的女人是不会跟你这样差劲的人约会的"。这时，迷人美丽又踏实肯干的艾尔·伍兹（Elle Woods）［由里斯·威瑟斯庞（Reese Witherspoon）饰演］碰巧听到了这通谈话，心中顿生怜悯，于是她走过来泪流满面地问这个陌生人，他怎么能这样伤她的心？然后艾尔小姐顺势演了一出伤透了心的好戏。在艾尔离开之后，旁边偷听的傲慢小姐马上就又回到那个家伙身边，问道："你想什么时候约会呢？"

我们把这种受到他人性审美影响的现象称为"伴侣选择模仿"。尽管我们对这种现象丝毫不感到意外，但当研究人员试图找出为什么如此少的雄艾草松鸡能在求偶场上拥有这么多的交配对象时，伴侣选择模仿就成为了进化生物学家们的一个严肃话题。求偶场是动物界最极端的性市场，可以作为各种动物交配系统的特征。雄性会聚集在求偶场的特定区域内，其唯一目的就是在这里向雌性展示"他们"的性工具。雌性则在此挑选自己想要交配的雄性。矛盾的是，这里面只有少数雄性能够成功（并且会非常成功）。研究人员测量"他们"间的差异，比如大小、年龄、羽毛的颜色和求偶展示上，根本就没有什么很大的不同。雄性外表中那些小小的，甚至不存在的差异如何引起交配成功率上的巨大差异呢？

艾草松鸡尤其特殊。这种鸟生活在北美的山艾树林中，并且它们选择的求偶场没有任何特别显著的特征。尽管它们对求偶场的选择看上去非常随机，却每年都会出现在同一个地方。从美洲印第安原住民的记录中发现，其中的一些地点已经使用了百年以上。我第一次遇到艾草松鸡是在怀俄明州的一个早上，星星仍然挂在天空中，空气冰冷。太阳开始缓慢升起，我看到了几十只雄性松鸡来回踱步，"他们"的尾羽雄壮地勃起，像几根巨型的大头针，胸部夸张地鼓出来，两个黄色的囊从胸部白色的羽毛中迸出。几只雌松鸡在求偶场中来回穿行，挑选自己的交配伙伴，完全看不出什么着急的情绪。雌性艾草松鸡有完全的自由来选择自己的伴侣，但看起来却并没有那么自信。

雌松鸡能从交配对象那里得到的不会比精子更多了。这个配偶永远不会成为父亲，更谈不上好坏了，"他"既不会给伴侣提供食物也不会提供什么保护。虽然在研究人员的眼中，大部分的雄性都有差不多的吸引力，但只有少数会被雌性选为交配对象。结果就是，不到10%的雄性完成了超过75%的交配量，但似乎没有任何解释可以说明为什么这些雄性能有如此极端的吸引力[13]。为什么这些看上去与其他雄性并没什么不同的雄艾草松鸡，会在大多数的雌性眼中如此有吸引力的呢？

我们开始试着想象一下这些雌松鸡如果并不总为自己着想，这个谜团就会解开了。如果想要跟谁交配不是由每只雌松鸡独立决定，而是受到其他雌松鸡影响呢？让我们想象一下这种情况：有一群看起来一样帅的男性，如果其中一名男性被一名女性选中后，在其他女性的眼中他就突然变得更帅了，然后剩下的女性就想要复制同伴的选择。这种情况一旦发生，这名幸运的雄性就差不多可以退出比赛了，他交配的次数越多，就会变得越有吸引力，然后给他带来更多的交配对象，让他在模仿者群体里具有无与伦比的吸引力。伴侣选择模仿似乎是这个谜团的一个合理答案，但它是否符合生物性呢——也就是说，是否真是如此？虽然对艾草松鸡的研究让人想到用伴侣选择模仿的理论来解释这种现象，但这些鸟儿们并不是测试这个理论的最佳实验对象。鱼儿们是。

孔雀鱼是拥有最多种图案的脊椎动物之一，它们的身上好像被泼了颜料盘一样。但橙色在雌性鱼眼中拥有至高无上的地位。就像在第四章中讨论过的海鲫鱼的眼睛一样，孔雀鱼对某些颜色的敏感度也随着它们觅食而进化。在本例中，就是掉进水里的橙色水果。有人认为，雄孔雀鱼进化成橙色，是为了利用雌性的感官偏好。但是，对雌孔雀鱼来说，不仅是眼中雄性的颜色影响着"她们"的决定，其他雌性的选择也起到了关键作用。

生物学家李·杜古特金（Lee Dugatkin）采用一个简单的实验证明雌孔雀鱼中也有伴侣选择模仿的现象，就像艾草松鸡和里斯·威瑟斯庞演的那样。杜古特金将一条雌孔雀鱼和两条雄孔雀鱼放在一起，这两条雄性孔雀鱼分别占有装着雌鱼的水族箱两端的两个小隔间之一，雌孔雀鱼可以自由活动，游向不同方向与两个雄性交配。"她"在每条雄性身上花的时间可以表示这条雄性对自己的吸引力如何，正如之前其他人发现的那样，这条雌孔雀鱼通常更喜欢带有更多橙色的雄性。然后，杜古特金将这条实验过的雌鱼放在一个透明的容器里，再放回水族箱。这时，将另外一条雌孔雀鱼，雌孔雀鱼界的模特儿，放在刚才不太受欢迎的那只雄孔雀鱼的隔间中。从那个透明容器里，之前那只雌孔雀鱼可以看见这条雄孔雀鱼和模特儿雌鱼交配。之后模特儿鱼被取出，再重新测试刚才窥淫雌鱼的性偏好。和当初的偏好果然不一样，现在"她"对雄孔雀鱼的偏好完全相反，在之前不感兴趣的那条雄孔雀鱼身上花了更多的时间[14]。这个结果就其他物种中极度不对称的雄性交配成功率给了一个可能的答案——尽管那些雄性看起来差不多帅气，总有一个最先被挑出的幸运儿，这时如果其他雌性喜欢盲目模仿，那条被首先挑出的雄性就会拥有数量庞大的交配对象。现在已经有数不清的研究可以证明一位雌性的性审美可以怎样被强大的社会环境所影响。

伴侣选择模仿不仅限于孔雀鱼，但对孔雀鱼的理解可以帮助我们理解另一个悖论。茉莉花鳉（Sailfin molly）是需要通过交配繁殖的典型鱼类。然而，另一种看起来相似的鱼，秀美花鳉（Amazon molly），则完全由雌鱼组成。"她"的名字也是由希腊神话中一个全由女性组成的部落——亚马孙人而来，她们与男性的唯一接触就是为了生育①。秀美花鳉跟亚马孙人的确有些相似，因为"她们"仍然需要雄鱼。虽然秀美花鳉可以用未受精克隆自己，但"她们"的卵仍需要精子才能发育。精子并不会使卵受精，而是提供了某种生化力量，推动卵开始发育。由于需要与雄鱼交配这个负担，秀美花鳉的境遇有点窘迫，因为"她们"中间没有雄鱼啊。怎么办呢？雌鱼的解决方法是找到一条很像秀美花鳉雄鱼的鱼，如果秀美花鳉雄

---

① 亚马孙人也译作阿玛宗人，是古希腊神话中一个全部由女战士构成的民族。——译者注

鱼存在的话。

秀美花鳉源于进化失误。这发生于约30万年前墨西哥北部墨西哥湾畔的坦皮科。雌性短鳍花鳉错误地与雄性茉莉花鳉交配，结果产生了一个全新的物种。在墨西哥坦皮科以北和得克萨斯州的河流中，秀美花鳉与茉莉花鳉是一起生活的，而在坦皮科以南，"她们"与短鳍花鳉一起生活。根据秀美花鳉的居住地，秀美花鳉会利用雄茉莉花鳉或雄短鳍花鳉作为精子的来源，将自己的繁殖之路走下去。

从秀美花鳉的角度，科学家们弄明白这种奇怪诡异的交配系统已经有一阵子了，但我感兴趣的是，为什么雄茉莉花鳉会同意这桩生意呢？我感到困扰的不是我反对不同物种之间的交配——它们通常是行不通的，但如果鱼想尝试一下，也许会是个例外——而是因为我没法理解雄鱼在这个关系中得到了什么。交配总是有代价的：消耗能量，浪费时间，并且引诱捕猎者。对于通常以交配次数越多越好的雄鱼来讲，受精成功带来的好处会远远大于交配的代价。但是在这个秀美花鳉和茉莉花鳉交配的例子里，带着雄鱼基因的鱼宝宝根本不可能产生，雄鱼的努力完全就是浪费。不过，还记得第三章中帮助植物进行性行为的兰花蜜蜂吗？我想知道，如果经过仔细的观察，能不能发现雄茉莉花鳉行为的适应性。也许这些雄鱼能从与秀美花鳉调情中得到一些微妙的、不明显的好处呢。

科学家们对这些雄鱼看起来不太正常的行为却只是瞥了一眼：这些鱼又蠢又好色。要么是无法区分属于自己物种的雌茉莉花鳉和秀美花鳉（蠢），要么就是根本毫不在乎（好色）。我相信好色的部分——毕竟是雄性，但我挺怀疑"他们"是不是真的那么愚蠢。如果我能分辨雌茉莉花鳉和秀美花鳉，那雄茉莉花鳉肯定可以。我们"问"了"问""他们"是否能区分雌茉莉花鳉和秀美花鳉——将一条雄茉莉花鳉放在一个同时有一条雌茉莉花鳉和一条秀美花鳉的鱼缸内，并算出雄鱼试图将"他"的插入器官（相当于鱼的阴茎）插入每条雌鱼的次数。虽然雄茉莉花鳉与两种雌鱼都会交配，但"他们"表现出了对自己物种雌性的强烈偏爱：好色但一点儿也不蠢。那为什么要去跟秀美花鳉胡搞呢？

我的两个博士后因戈·施卢普（Ingo Schlupp）和凯茜·马勒（Cathy Marler）和我都想知道杜古特金最近的研究是否可以解释这个奇怪诡异的"茉莉-秀美"配对的问题。会不会是因为"伴侣选择模仿"使得"他们"跟秀美花鳉交配后，能使自己在雌茉莉面前看起来更加性感呢？我们的实验跟杜古特金的实验相当类似。一条雌茉莉花鳉要在两条雄茉莉花鳉之间选择。这条雌鱼不可避免地会更喜欢某一条雄鱼，通常是稍大的那一条。然后我们让这条被测试过的雌鱼在一旁观看那条她不喜欢的雄鱼跟一条秀美花鳉交配。雌茉莉花鳉会不会模仿秀美花鳉的选择呢？答案是肯定的。当"她"的性偏好再次被测试时，雌茉莉花鳉现在发现之前不怎么喜欢的那条雄鱼更帅气了。伴侣选择模仿竟然在雌茉莉花鳉和另外一个物种之间发生了[15]。雄茉莉花鳉可能在秀美花鳉身上浪费了自己的精子，但并没有浪费时间，"他们"正在让自己变得更有吸引力。

雌茉莉花鳉在"她们"的模仿行为中还有另一层含义，这是由我的大学里进化心理学系的学生萨拉·希尔（Sarah Hill）发现的。萨拉对人类的交配行为很感兴趣，还经常来参加我们每周一次讨论动物性行为的实验室组会。她对自己无法在人身上做各种我们在鱼身上每天都做的实验感到挺沮丧，所以她把鱼也放进了她的研究列表。

萨拉想知道模特儿的质量是否会影响女性的伴侣选择模仿。茉莉花鳉和秀美花鳉再次成为一个可以完美回答这个问题的系统。如同前面提到过的那样，雄茉莉花鳉将与秀美花鳉交配，尽管"他们"更喜欢雌茉莉花鳉。在"他们"看来，自己物种的雌性比秀美花鳉具有更好的"质量"。如果一条雌茉莉花鳉同时看着两条雄茉莉花鳉交配，一条跟秀美花鳉，一条跟雌茉莉花鳉，这时，我们——更重要的是这条正在窥淫的雌茉莉花鳉——会认为与自己物种交配的雄鱼比跟秀美花鳉交配的雄鱼更帅气。

萨拉·希尔重做了这个现在已成为测试伴侣选择模仿的标准实验。只不过在她的实验中，在雌茉莉花鳉选择了雄鱼后，两条雄鱼都分别给了一条模特儿鱼。雌茉莉喜欢的那一条雄鱼给了一条秀美，而没被选中的那条雄鱼给了一条雌茉莉。这样的话，模特儿的质量也就不一样了。我们是这样预测的：最初这条雌茉莉的偏好会向原本不被喜欢的那一位倾斜，即使原本中意的雄鱼也有一位模特儿跟"他"卿卿我我，只不过不是最理想的那一位。事情正是如此[16]。不是交一位女伴就可以影响你的帅气指数，那位女伴的质量同样重要。

我们中的大多数可能并不需要特意说服就会相信伴侣选择模仿也发生在人类身上，并且还有数量可观的数据支持我们的这种直觉。大多数心理学实验都遵循着类似的程序，但是参与者都是"怪蜀黍"（WEIRD），这里请让我先离题一会儿。以人类为研究对象的研究人员都有一个限制因素，就像萨拉·希尔所面临的一样，有很多实验在道德上是被禁止的。大体说来，这是一件好事，但也确实极大地限制了研究人类的心理学家的科研风格。取代实验的是问卷调查，这是个不错的办法，但首先需要找到能够回答这些问卷的人。幸运的是，身处学术界的心理学家都有固定的听众群体——修课的本科生们，他们必须参加问卷调查以完成课程要求，或者是可以得到额外学分。正如心理学家乔·亨里希（Joe Henrich）及其同事在《行为与脑科学》杂志上发表的一篇文章指出的那样，这些研究的大多数参与者都是WEIRD[17]。好吧，这群人可能的确有些怪异，但也是人类没错，那么我们能否将基于这个群体的发现推广到其他人身上呢？也许在某种程度上是可以的，但我们必须记住，通常这些调查对象所属国家的人口只占世界人口的12%。另外，在大多数的情况下，这些调查对象都是十几岁最多二十出头的青年人。这意味着他们的大脑尚未发育完全：他们往往对风险不敏感，而对获得当下的满足感更有兴趣，还有，他们的生活经验实在有限。最后，我们有理由相信，在回答问卷的问题时，他们也并不一定会坚持给出自己真实的、不带偏见的答案。我们只能提醒自己，他们并不能代表每个人，从这些"古怪"的调查对象身上得出的答案可能并不适

---

① WEIRD（Western Educated from Industrialized Rich Democracies）同时也是"西方世界、受过高等教育、工业化、富有的、有民主理念"这几个首字母的缩写。——译者注

用于不同的国家、文化、阶层和年龄。例如，在第四章中，我曾经简单地提到过女性的腰臀比（与体重无关），可以影响她对男性的吸引力：最理想的比例是0.71。大多数得到这一结果的研究都是以WEIRD为基本调查对象，并且几乎所有的研究对象都通过媒体受到了西方文化的熏陶。人类学家拉温茨·苏吉山（Lawrence Sugiyama）调查了位于亚马孙厄瓜多尔的一个偏远部落希维亚人对女性腰臀比和体重的偏好。他发现男性对体重的偏好远比腰臀比更重要[18]。这些结果并没有否定其他显示腰臀比重要性的研究，但也确实表明了文化对这个特殊的评价女性美的标准可能存在的影响。随着文化的改变，人们的性审美观也会发生相应的变化。

对人类的研究揭示了伴侣选择模仿的重要性，这个结论甚至在进化生物学家给它取这个名字之前就得出了。心理学家哈罗德·西加尔（Harold Sigall）和大卫·兰迪（David Landy）在1973年就预测了关于伴侣选择模仿的大部分研究。他们问道："旁观者的印象是否会引发我们与其他美人儿谈恋爱的愿望？"他们做了一个实验，让一名受试者进入一个有两位学生的房间。这两位学生一位是男生，一位是女生。这位男同学长相普通，而这位女同学就是"模特"了，她会用穿衣打扮来分别扮演"魅力四射"或者"乏善可陈"的形象。而受试者们则被要求评价她们对房间里的男同学的总体印象，以及"喜欢"或者"不喜欢"的程度。跟那些素颜家居服女同学配对的男同学相比，与精心打扮过的女同学配对的男同学显然得到了更高的分数[19]。虽然这些研究没有明确地去评估"性魅力"，但的确给了我们一些暗示。

最近专门研究伴侣选择模仿的实验也得到了类似的效果。人类学家大卫·沃恩福斯（David Waynforth）向参加测试的大学生们先后展示了两组照片，一组照片上只有一位男性，而另一组则包含着这位男性和他可能漂亮的或者长相平平的女朋友。受试者则被要求评价这位男性脸庞好看与否。有美女相伴的男性得到了更高的赞美[20]。萨拉·希尔在短暂地研究了动物的性选择后，又回到了对人类的研究上，她发现在人类的伴侣选择模仿中，模特儿的作用也不是绝对的——有漂亮的模特儿相伴就一定是一个帅哥，而身边如果是丑模特儿就是个挫男——这个效应是随着模特儿的魅力值慢慢变化的[21]。看起来我们并不会马上就给其他人贴上"好看"或者"不好看"的标签，而是会在一个"挺好看"和"不怎么样"的区间内打分。不管怎么说，我们人类的确是喜欢扣帽子的族群。

仅仅是因为一个男人与一个漂亮的伴侣在一起就会在旁人的眼中变得更帅气，并不意味着他一定会去寻找这种效果，虽然他的确非常可能会这样做。奖杯通常只颁发给比赛的获胜者。我们经常谈论着要去争夺奖杯——例如，"我们对冠军奖杯志在必得！"——但奖杯只被用来当作赢得比赛的象征，奖杯证明了胜利。正如贾罗德·金茨（Jarod Kintz）在《本书不出售》中写的那样，"奖杯跟硬件没有关系，这个大理石上的金色雕像是对卓越的认可。奖杯是代表着努力工作和全身心付出这样抽象概念的一个实物。而这正是我没有任何奖杯的原因[22]。"在这个意义上，我认为，有些人用"奖杯型太太"来贬义地形容一个富有的老男人年轻漂亮的配偶实际并不恰当，这位女性实际上代表了老男人战斗一生的成绩，至少是在赚钱上面。大家都知道，男人是多么喜欢炫耀自己的奖杯啊。

男人有意识地利用模特儿并非只是空穴来风。他们是否是故意炫耀他们漂亮的女伴呢？在刚刚提到的西加尔和兰迪的这项研究中，被打分的男同学说，他们觉得当自己跟一个漂亮的模特儿在一起时会被打更高的分，特别是如果受试者还认为这位漂亮的模特儿是自己的女朋友时。最近的一项研究表明，男性不仅知道这一点，还会故意去炫耀。密苏里的一些大学生被告知他们将在校园里和一位异性一起发一些小册子，同时与这位异性假装在谈恋爱。首先给这些受试者看了他们未来虚构伴侣的照片，然后受试者被问他们想在学生多的地方，还是老师多的行政区分发这些小册子。"炫耀"假说这样预测：与漂亮的女伴配对的男同学会想要在他们的同学中"炫耀"自己的伴侣，而如果被分到相貌平平的女伴，他们就会希望在行政区与老师们一起工作，把自己的女伴给"隐藏"起来。男人和女人都遵守着"一旦得到，就去炫耀"这个公理[23]。

我们在解读一些关于人类审美观的研究时尤其需要小心。首先，正如我之前提过的那样，这些研究的招募者通常都来自一个特定的人群（大学生），而他们不能代表全人类。其次，这些研究中经常会使用的代表物与它所测试的普通现象有些距离。比方说，从两张照片中挑一张并不一定代表着他就会挑她结婚。再次，仅仅因为人类和鱼还有其他一些动物表现出伴侣选择模仿并不一定意味着这一特征是在相同的自然选择的推动下进化而来的，也不能说明受到了同样的基因和环境混合体的影响，或者在不同的物种中就代表着相似的功能。然而，这些进化心理学的研究正在回答一个十分重要的问题：我们究竟为什么成了今天的样子？

在本节中，我们看到了身旁的同伴会怎样影响我们带给其他人的感受：他们的魅力值会对我们自己的魅力值带来光环效应。这看起来是挺符合逻辑的，尽管最近也发现性审美在社会中可以如此灵活。在下一节中，我们会更深入地研究一个最近的，看上去不那么合理的，关于社会背景如何影响我们审美的现象。

* * *

当我们听到"疯狂"这个词时，通常都与恋爱、欲望，无可救药地爱上某人有关。我们看看一些歌名吧：弗兰克·西纳特拉（Frank Sinatra）的《疯狂的爱》，肯尼·罗杰斯的《恋爱中的疯狂》，埃文和贾龙的《为这个女孩疯狂》，谢里尔·科尔的《疯狂愚蠢的爱》，韦伯·皮尔斯的《狂野的欲望》，马文·盖伊的《我为我的宝贝儿发疯》，碧昂丝的《恋爱中的疯狂》。这听起来简直像是精神病院的歌单！疯狂和爱情这两者常常会在一起，有可能是因为我们无法理解一个人在另一个人身上到底发现了什么有魅力的东西。

与疯狂相反的情绪是理智。当人们拥有理智时，我们会假设他们是理性的，但当人们没有理性时，我们却不假设他们疯狂。这是一件好事，因为非理性太猖獗，我们不能指望由它来庇护人类和其他物种。然而，我们对性审美有多理性却知之甚少。为了探索这个领域，我需要用经济学家而不是哲学家的观点来解释一下理性的含义，因为前者提供了更多定量的例子。根据经典经济学教义，当人在试图最大化某些结果时，他们会表现得比较理性。经济学家认为我们这是追求最大化的经济收益，而大量运用经典经济分析的进化生物学家们，则认为动物会追求最大化的达尔文适应性。

由于我们平时无法预测人们在一个比较长的时间内能赚多少钱或者开几个会，我们又怎样知道一个人是否在理性行事呢？这里有两个重要的标准，第一个是理性的个体会做出遵循传递性和规律性这两条简单的数学公理的选择。这里传递性假设，如果 $A>B$，且 $B>C$，则 $A>C$。传递性在我们的世界中非常常见。如果 Lucy 比 Emma高，Emma 比 Gwen 高，我们不需要尺子就知道 Lucy 比 Gwen 高。传递性是一个非常有用的规则，可以增加我们在关系中获取的信息。但传递性经常被打破。孩子们玩的剪刀石头布就是一个不符合传递性的例子：石头可以砸破剪刀，石头却赢不了布，因为会被布包起来。布当老大也只有短暂的时刻，因为剪刀可以咔嚓、咔嚓、咔嚓地把布剪烂。不可传递性在成年人的游戏中也随处可见。有一个简单的赌球谬论：甲组几星期前赢了乙组，上个星期乙组又赢了丙组，所以甲组在这周末就应该能赢丙组（X>Y, Y>Z, 所以 X>Z）。甲组一定可以赢，对吗？欢迎你把银子押上，但球类运动可传递性的谬论已经让好多庄家暴富了。就像美式足球一样，这就是为什么这项运动每周日都要开打。

许多关于伴侣选择进化的理论都假设它是可传递的。就我们目前所知道的（我们并不知道多少），这种理论应用在性审美上还是挺有道理的。可传递性在斑胸草雀对喙颜色的喜好、鸽子对羽毛图案的喜好，以及慈鲷对身体大小的偏好上都得到了证明。这儿却有一个小小的例外，那是在研究南美泡蟾传递性时看到的，当时是我和斯坦利·兰德做的实验，而数据则是由同事马克·柯克帕特里克

（Mark Kirkpatrick）用他的杰出的数学才能分析的。我们让雌泡蟾在所有可能的九对雄性鸣叫声之间选择。这个研究的结果告诉我们雌蛙不太具有可传递性这个特征[24]。

关于人类在交配偏好中传递性的研究少得令人惊讶。但凡做过的实验，结果似乎都是支持传递性的。例如，进化生物学家亚历山大·卡蒂奥尔（Alexandre Courtiol）和他的同事有一项研究表明，人们对自己伴侣身高的偏好：女性更喜欢比自己高的男性，而男性则更喜欢女性比自己矮一些。在两性中都存在"天花板和地板效应"，当另一方的身高靠近天花板或地板时，就变得不那么有吸引力了。但在身高担当重要评判标准的相当大的范围之内，这个偏好是可传递的[25]。

经济学中另一个评价理性与否的标准是规律性。当感知 A 和 B 的相对值不受第三方 C 的影响时，就会出现这种情况。当我在捷克拉格啤酒和印度淡色艾尔之间选择时也表现出规律性，这时酒馆是否提供银子弹对我来说就没什么影响了——相信我，绝对无关紧要。但规律性也并非总是成立，事实上规律性不仅经常被违反，在商业世界中它甚至被用来对付我们消费者。一个众所周知的违反规律性的例子是不对称主导的诱饵效应，或者叫竞争诱饵效应。这儿有一个例子，请消费者们小心。

您这会儿正想买一辆价格低廉又省油的汽车。汽车销售商向您展示了两种车型：A 车型每加仑跑 25 英里（mpg），价格为 25 000 美元，而 B 车型每加仑只跑 15 英里，但价格却低于 20 000 美元。你会做出什么决定？当你正在考虑相对成本和收益时，销售决定干脆为你做个选择好了，更准确地说，她会操纵你，让你认为是自己做出的选择。小心啊……诱饵来了。这位销售舌灿莲花地用数据和幽默让你顺便看看第三辆车，一辆高达4万美元的油耗22英里每加仑的车型C。车型C显然超出了你能承受的价格范围，这一点她很清楚。那么销售如何通过向你展示一件她明知道你不会买的东西来操纵你呢？当你看过第三辆车后，突然，你的决定变得容易了许多。当然是买车型A啦！你可以用一个不错的价格买到三辆车中最好的油耗——至少与诱饵C车相比是一个不错的价格，尽管你现在选择的是当初考虑过的那两辆车中更贵的那辆。顺便说一句，汽车销售的提成是根据汽车的价格，而不是一加仑油能跑多久来的。

　　这是怎么一回事？有一种解释就像是这种现象的名字一样：不对称性主导的诱饵。与A和B相比，诱饵C是一个糟糕的选择。但A在买车的两个评价标准（油耗和价格）上，都比C好，或者说优于C。与此同时，B仅在一个标准，即价格上比C占些优势。因此A是更好的选择。另一种解释含有更多的感受基础。当我们在比较车型的价格时，B是优于A的：一辆是20 000美元，另一辆是25 000美元。但后来被介绍的C，扩大了比较的价格范围——从20 000美元到了40 000美元——因此A和B之间仅仅5 000美元的价差，与A和C之间的15 000美元的价差相比就似乎没有那么大了。C车型22英里每加仑的油耗介于A和B 15到25英里每加仑的油耗之间，与当初比较A和B间油耗带来的感受保持不变。虽然原因不同，A仍然是一个更好的选择。

考虑到竞争性诱饵能够如此轻松地影响人类在经济市场中的行为，它们的影响会延伸到性市场中去也并不是一件值得奇怪的事情。社会心理学家康斯坦丁·塞迪基德（Constantine Sedikides）和她的同事，包括写了《怪诞行为学》的丹·艾瑞里（Dan Ariely），问了学生们这样一个问题，到底是什么让他们心生情愫？在她们的实验中，受试者需要在3个男模特儿中报告她们的偏好。这些被评估的目标既不是真人，也不是照片，而是对每个男性的个体特征的形容。男性A和B总是出现在这三个男模特儿中：A长得比B帅气，但B比A更幽默。受试者则在两个三人组中进行选择，每组都有A和B，还有一个竞争性诱饵C。这个竞争性诱饵有两种形式，一个是C_A，跟A差不多好看但甚至还没A幽默。当遇到这个三人组时，受试者在A和B之间更喜欢A。当诱饵为跟B差不多幽默但是没有B好看的C_B时，受试者多半会选B[26]。就像刚才假设的买车的例子一样，作为两个评估标准之一的某个标准被诱饵放大了。第一个三人组里诱饵是颜值，第二个三人组里诱饵是幽默。把一个评判标准的范围放大，会将这个表型里原本表现特别优秀的男性的优势抹去。

在人类中，几乎找不到什么证据表明我们也会挑选同伴来让竞争性诱饵效应发挥最大作用。但我们是可以这样做的。上一节告诉我，如果我想提升吸引力，我就应该带一个漂亮的女人上街走走，让伴侣选择模仿发挥作用就可以了。如果周围没有漂亮女性上当，这不，我们刚刚学会如何让同性朋友来做这件事。我只需要讲究一些策略，比方说，如果女性一般会对我的好朋友更感兴趣，他看起来更帅，但不怎么好玩。这时我就应该招募第三个朋友加入我们，挑选这个新朋友时，需要密切注意他的颜值和幽默感，与我和我好朋友的颜值和幽默感之间的关系。

伴侣选择模仿有时候几乎是靠直觉，而竞争性诱饵似乎就很疯狂了。这是一个说明人类思考过度，动物实际上比我们"更聪明"或至少更理性的例子吗？或者动物也成了这些诱饵的牺牲品？我们对人类诱饵效应的了解远远多于其他动物。

众所周知，觅食属于动物行为范畴，觅食时，非理性常控制着头脑。这个理论已经在蜜蜂、蜂鸟和灰噪鸦中得到了验证。我们用灰噪鸦举个例子吧，在实验中，噪鸦面前摆放了它们最喜欢的食物——葡萄干。这些葡萄干被放在金属丝网漏内距离入口不同距离的地方，鸟儿们必须穿过这个网漏才能获取食物：有两个葡萄干放在网漏内56厘米处，而另一个葡萄干则放在28厘米的地方。我们预测灰噪鸦会喜欢更多、更近的葡萄干。在这个例子中，那一个单个儿的葡萄干更受欢迎。接下来，竞争性诱饵被引入：放两个葡萄干在84厘米的地方。鸟儿完全被诱饵给打败了：它们现在更喜欢那两个在56厘米的葡萄干[27]。尽管这些结果看起来相当疯狂，但现在我们应该都很会预测了。如果你还没猜对，请把前面几段再仔细读一读，至少也应该在买汽车之前仔细读一下。

诱饵又是否会影响动物的性审美呢？唯一确凿的证据来自阿曼达·利亚和我对南美泡蟾的研究。阿曼达找了3种交配鸣叫声，这些声音对雌蛙的相对吸引力几年前就已有记录。我们将这些量度称为鸣叫声的"静态吸引力"，因为这些鸣叫声的质量在雄蛙中相当稳定，当把它们在选择实验中（在第二章中详细讲过）以相同速度播放给雌蛙听时，"她们"的偏好顺序相当一致。"她们"也更喜欢速度较快的鸣叫声。阿曼达将对雌蛙更具吸引力的静态叫声配上不那么有吸引力的叫声速度，合成为一种鸣叫声，相反的搭配成为另一种。当雌泡蟾需要在两个鸣叫声：A（较高的静态吸引力，较慢的叫声速度）和B（较低的静态吸引力，较快的叫声速度）之间做出选择时，"她们"会稍微偏向选择B。然后，阿曼达引入了诱饵——鸣叫声C。这个叫声在静态吸引力方面类似A，但是叫声速度明显慢于A和B。雌泡蟾在A和C间喜欢A，B和C间喜欢B，因此，C叫声是一种很劣等的替代方案。当雌泡蟾在这3个选项间选择时，"她们"的偏好从B改成了A[28]。我们预料到了这种改变，因为，就像汽车、人的颜值和灰噪鸦的葡萄干一样，B的叫声速度比A更有吸引力，当叫声速度比A和B慢得多的C引入后，扩大了比较叫声速度的范围——突然间，B的叫声速度就没有比A好那么多了。所以我们其实无法真正回答这个问题：雌泡蟾到底是觉得A还是B更有吸引力呢？得看情况，"她们"的回答可能非常善变，取决于同时在那儿奋力吼叫的还有谁。

诱饵甚至不需要是真实的，现在我们知道，诱饵幽灵可以游荡在许多市场环境的阴曹地府里。让我们先回到那个车行，如果汽车销售没有给你看车型C，而仅仅是向你描述了一下这个车型，并且说它已经卖完了，你想买也买不到了：这仍会让你偏向选择车型A吗？是的。知道一个诱饵的存在就足以让你重新选择了，因此它们得到一个绰号"诱饵幽灵"。这也使得操纵消费者的购买决定变得更加容易，因为飘在空中的诱饵与手里的诱饵能达到相同的效果。诱饵幽灵也同样可以影响雌南美泡蟾。Amanda做了第二次实验，把播放诱饵叫声的音箱从地板挪到天花板上，这样雌蛙就没法去接近它——南美泡蟾并不是树蛙，也不会爬树去寻找交配对象。实验结果与以前相同。尽管C叫声耳及、手不及，却还是会担当起诱饵的功效。

人在好些方面都会被诱饵勾起一些变化，这已经是众所周知的了，其中也自然包括性审美。我猜，在被"性诱饵"影响这件事上，南美泡蟾也不例外。并且，诱饵效应还可用来解释动物界中许许多多性偏好的变幻无常。我们的研究还预测，其他许多物种的求爱者可能也已经想出了该如何利用这种跟汽车销售一样狡猾和欺骗的方法，来积极地操纵自己的吸引力了。

这一章已经说明了我们所能感知到的美，不仅仅是由我们的感觉系统和大脑中的一些偏好造成的，而且还有生理和社会背景带来的评判美的偏见。这些偏见还有可能引起一些偏好，这些偏好在被一些新的性状特征揭露出来之前一直隐藏着。我在这本书中已经好几次提到了隐藏的偏好。在下一章中，我们将更彻底地来探讨这个最近才被承认的重要方面如何对性审美的进化产生影响。

第八章

隐藏的偏好和色情乌托邦里的生活

有已知的已知……也有已知的未知……但还有未知的未知——
一些我们都不知道自己不知道的东西。

——唐纳德·拉姆斯菲尔德

　　这是美国国防部长唐纳德·拉姆斯菲尔德（Donald Rumsfeld）
对缺乏伊拉克拥有大规模杀伤性武器证据的回应。当初美国提出的
正当入侵伊拉克的证据是"明白无误"的。但是当媒体深入调查
后，却发现这样的证据实际上并不存在，政府的借口是他们并不知
道自己不知道那儿没有这样的武器。

　　生活中，我们时时刻刻发掘着未知。这也包括发现自己有时喜
欢未知。在苏斯博士写的169行的经典儿童故事《绿鸡蛋和火腿》
中，山姆非常详尽地解释了他为什么不喜欢绿鸡蛋和火腿，尽管自
己从未尝过它们："我不喜欢它们吃起来这样那样，总之就是不喜
欢，不喜欢绿色的鸡蛋和火腿。山姆我就是不喜欢。"[1]最后，在被蛊
惑吃了一次以后，山姆发现他其实挺喜欢绿鸡蛋和火腿的。山姆的
隐藏喜好一直没被发现，因为它从未被正确刺激过。

　　只有在选择者表现出明显的选择偏好时，性审美的特征才会进
化形成。因此我们在自然界中寻找这些特征时，总是在另一个性别
中找到相应的喜好。这完全不奇怪，因为美存在于旁观者的大脑
里，美的特征只有在人们发现它们美时才会进化形成。那么，个人
喜好和性状特征，特征持有者的美和旁观者的审美，是如何匹配起
来的呢？

在本书的很多内容中，我们都提到过这样的例子：某些特征的喜好原本就存在，却从未被求偶者发现，直到出现一个新特征，通过基因突变或者学习，将对方隐藏的喜好公之于众。一个典型的例子是第三章中我们提到过的剑尾鱼和新月鱼的实验。当假剑尾被接到雄新月鱼身上（这种鱼没有长尾巴这个特征）时，这些被赐予新武器的雄性在雌新月鱼眼中突然就变得有魅力起来。这个实验似乎模仿了剑尾鱼尾巴的进化，对长尾巴的喜好早已存在于新月鱼–剑尾鱼的祖先身上了，可能就是对体格更大的雄性的普遍偏好吧。这时，为了利用这种偏好的雄性剑尾鱼用一种省力的方法让自己看起来更大一些[2]。基因突变，而不是一个实验操作，赐予了雄性剑尾鱼长长的尾巴。由于这群鱼里的雌鱼对长尾巴有隐藏的偏好，这些被赐予新特征的雄鱼立刻就被认为比没有长出剑尾的同胞们更有魅力了。

在这一章中，我将深入探讨一些特征和偏好如何能够匹配起来的细节，并且我将会更多地介绍一些相对较新的关于隐藏偏好，还有如何利用它们的假说。我在第三章里曾经简要提到过这个主题，但在这里我将会介绍一些它们发生时的细节和细微差别。

* * *

进化能通过三种方式在美的特征和有利于它们的美学之间进行匹配：选择者可以进化出对已经存在的，并且对自己有利的特征的偏好；特征和偏好可以同时进化；还有，一些特征由于利用了隐藏的偏好，因此一旦进化出就有吸引力[3]。让我们来详细讲讲这三种可能的进化方式。

当偏好能提高个体的繁殖能力时，它们就会进化，比如当它们能激起具有生育能力的、健康的并且能为后代提供资源和照护的正确物种的欲望的时候。和那些忽略潜在配偶这些特质的偏好比，这些偏好在一个种群中会进化得更频繁，因为它们让选择者创造了更多的后代。

像这样进化形成的偏好数不胜数。一个例子是鸟类羽毛颜色的进化。让我们先来想象一群红翅乌鸫。每年春天，北美洲的每个沼泽里都会有雄性红翅乌鸫坐在芦苇上一边亮出它们鲜红的性徽章，一边发出颤抖的叫声，吸引正在决定跟谁交配的雌性。这时，请你想象一下又出现了另一个物种的乌鸫，黄头乌鸫，开始与红翅乌鸫共享这个沼泽（它们确实偶尔喜欢这样做）。有好几种方法可以区分这两个物种，但对于雌性的红翅乌鸫来说，雄性翅膀上的红色"徽章"是最为可靠的。在这种情况下，比起对翅膀颜色无甚偏好的雌鸟来说，自然选择会强烈地偏向那些只跟佩戴红色徽章的雄鸟交配的雌红翅乌鸫。而那些不管不顾的雌红翅乌鸫则会随机交配，因此会经常交配到错误的物种。此外，自然选择也会倾向于选择那些喜欢雄鸟翅膀上拥有最亮的亮红徽章的雌红翅乌鸫，因为这些雄鸟与黄头乌鸫差别最大。这种针对红色的开放式偏好类似于我们在第三章中讲过的雄斑胸草雀的行为，"他们"会更喜欢橙色最为明显的喙——因此看起来是与雄性最为不同的雌鸟。这是某些喜好进化为偏爱某些性状特征的一种方式——在这种情况下，这些特征更能确保交配的雄性跟自己是同一物种。

现在让我们再想象一下，沼泽地里来了另一位客人：这回不是一种鸟，而是它们的一种寄生虫——羽虱。有些雄鸟身上有一种能抵抗虱子的基因。而其他没有这种基因的雄鸟就会被虱子感染生病，这就会削弱它们保护自己丰富资源领地的能力。这些体弱多病的雄性绝不是理想的配偶，这是一个无法掩盖的事实。"他们"感染上羽虱会迅速地成为公共信息，因为"他们"身上有了类似于"红字"的东西：虱子会让雄性翅膀上的亮红色徽章变暗①。这就导致了雌鸟再次偏向佩戴亮红色徽章的最健康的雄鸟。这些有鉴别力的雌鸟现在可以从选择配偶这个环节中获得多种好处：与正确物种的雄性交配，这些雄性还可以为自己和后代提供更高质量的资源，避开那些会通过性传播寄生虫的交配对象，为后代获取可能可以抵抗寄生虫的基因。

在上述情况下，雌性仅仅是基于雄性亮红徽章的性特征进行选择，"她们"并不能看到雄性抵抗寄生虫的基因。雌性获取这些可以传给后代的抵抗寄生虫的基因是因为这些基因与明亮的颜色有关。因此，明亮的颜色是直接选择进化形成的，因为它受到了雌性的直接青睐，而抵抗寄生虫的基因也由于间接选择进化了，因为它们与直接选择的明亮的颜色特征相关。抵抗寄生虫的基因在几代红翅乌鸫对明亮颜色的选择中搭了顺风车。在这种情况下，雌性可以在"她们"没有刻意针对的情况下进化形成对自己有利的偏好。

不仅仅是多个雄性特征可以相互关联、共同进化，偏好和性状

---

① 《红字》是纳撒尼尔·霍桑的代表作，主人公需要在胸前配戴一个象征"通奸"的红字 A。——译者注

特征也可以同时进化。让我们继续看这个红色徽章亮度和抵抗寄生虫基因相关联的例子，并假设雌性偏好颜色明亮的雄性不会直接影响自己的繁殖成功率。在野外这是一个正确假设，因为雌性红翅乌鸫几乎总是产三到四个蛋，不论父亲是谁。但是，如果雌性能够将这些适应生存的抗寄生虫基因传给自己的后代，那"她们"的孩子将更有可能长大成人。由于这些后代不仅拥有来自父亲的抗寄生虫基因，还拥有来自母亲偏好红色的基因，这两种基因在下一代中出现的频率都会提高。这是偏好和性状特征共同发展的一种方式。偏好的进化是因为它与关乎生存的基因和偏好红色的基因相关联，而不是因为这个偏好是被直接选择的。这个"好基因"和"偏好好基因"同时进化的逻辑很强，但相对于过去40年里研究花费的努力来说，相关的案例数量却很少。

多亏罗纳德·费舍尔（Ronald Fisher），我们知道了间接选择发生的其他方法。如果我们问一个统计学家怎么看费舍尔，她会告诉你他是20世纪最伟大的统计学家之一，因为他对统计学做出了巨大的贡献，比如方差分析和以他命名的费舍尔精确检验。如果你再问她费舍尔对进化论的贡献，她就可能会一头雾水，无从答起。同样的，大多数进化生物学家都知道费舍尔对性别比理论、选择分析和自然选择的基本定理的贡献，但他们往往不会意识到自己在整个职业生涯中一直使用着他发明的统计工具。费舍尔是一个洞察天下的人，他最精辟的理论是失控性选择理论[4]，有时也被称为"性感儿子"假设，这是通过间接选择进化形成某种偏好的另一种方式。

我们在前面的例子中看到了翅膀上的红色徽章可以和抗寄生虫

基因共同进化。失控的性选择也是以类似的方式进行的。不同之处在于雌性对红色的偏好与雄性"性感"的红色徽章此时是有关联的了。喜欢红色徽章的雌鸟越多，红色徽章在种群中的进化速度就越快，对红色徽章的偏好也就会进化得越快，因为雌性对红色的偏好与雄性身上的红色徽章相关。所有那些性感的红翅膀雄性的后代身上就都会带有红徽章基因和喜欢红徽章的基因。这就是遗传顺风车的另一种情况，并且是在生存相关的基因没有任何增长趋势的情况下发生的。

与对"好基因"的偏好进化一样，费舍尔失控的性选择假说有着很强的逻辑性，但只有少数实验研究支持这是性审美进化和对之偏好的重要力量。费舍尔1930年在他的《自然选择的遗传理论》[5]一书中提出了这个想法，但直到50年之后罗斯·兰德（Russ Lande）和马克·柯克帕特里克才在数学上验证了费舍尔的想法，并为许多研究奠定了基础，以在自然界中寻找费舍尔关于性审美进化和对之偏好的理论的足迹[6]。现在有关突眼蝇的研究已经有很好的证据表明这个过程是可以在自然界中发生的。这项经典的研究表明，对眼柄的长度和对眼柄长度的偏好是在只选择眼柄长度而不选择偏好的情况下共同遗传下来的[7]。

我们现在将深入讨论让性审美和性美学之间相互匹配的最后一个过程了，这个过程发生在求偶者利用选择者的隐藏偏好进化形成新特征的时候。让我们回到乌鸫的例子，不过是在雄性进化出红色徽章之前。偶然的基因突变可能导致翅膀有一小块红色徽章，到目前为止，雌性对这些带着红色徽章的雄性还没有什么偏好。但是这个新性状却会带来成本，因为捕食者会更容易发现这些雄性。代价过大并没有任何好处迅速地将突变携带者推向了灭绝。现在，让我们重新想象一下，一种新的营养丰富的食物出现了，一种亮红色的蠕虫，它比沼泽中到处都是的棕色蠕虫更有营养。自然选择现在就偏向了更擅长发现亮红色蠕虫的乌鸫。随后，当有一只雄鸟的翅膀上进化出红色徽章时，它就立即吸引了其他正为红色疯狂的乌鸫的注意力。

引人瞩目通常是找到交配对象的第一步，但也同时可能成为别人的晚餐。当找到配偶的可能性比较大时，尽管存在些许风险，但在种群中瞩目的性特征突变是应该受到欢迎的。这个红色蠕虫和乌鸫的例子是虚构的，但对真实动物的真实研究表明这并不是不可能发生的情况。

在上一章中，我谈到了孔雀鱼的伴侣选择模仿，并且粗略地提到在那种情况下，雌性更喜欢带有更多橙色的雄性。雌孔雀鱼在发现橙色的吸引力方面各不相同，特立尼达岛（Trinidad）山区溪流中居住的不同孔雀鱼种群显示出雌性对橙色的强度和雄鱼身上橙色块的大小的偏好不同。正如我们预测的那样，雌性对橙色的偏好程度和雄鱼身上的橙色块面积和不同的河系有关：在身上有大块橙色雄鱼的河流中，雌性对橙色具有强烈的偏好，而在颜色暗淡的雄鱼的河流中，雌鱼对橙色的偏好较小。但是到底是何导致雌性偏好有如此变化？橙色性审美的基础又是什么？

海伦·罗德（Helen Rodd）和她的同事们指出，孔雀鱼通常吃橘红色的水果[8]。这些研究者发现对食物的偏好是孔雀鱼对橘红色雄鱼偏好的根源。雌鱼并没有误把雄鱼当作水果,研究人员假设,雌孔雀鱼对橙色的偏好从对食物的偏好中溢出,影响了对交配对象的偏好,从而产生了一种总体上的吸引力。研究者通过实验检验这种假设,他们将不同颜色的筹码放入不同种群的雄性和雌性孔雀鱼的鱼缸中,这些种群的雌鱼对雄鱼身上的橙色有不同程度的偏好。就像魔法一样,雄鱼和雌鱼用来查看橙色筹码的时间可以用来预测各个种群里雌鱼对橙色作为性颜色的偏好程度。结论是,雄鱼利用了觅食方面的一个普遍偏好进化形成了橙色的身体。然而,有人可能会争辩说,这个因果关系的两方会不会翻转过来呢?也许雌鱼最初进化形成了对橙色雄鱼的偏好,然后将这种偏好带到自己喜欢吃的橙色水果上。约翰·恩特尔(John Endler)和杰玛·科尔(Gemma Cole)通过在实验室中重现这种进化情景回答了这个问题。

恩特尔和科尔先人为地选择一些喜欢某些特定颜色食物的孔雀鱼,然后看这是否会导致雄鱼身上进化形成不同的颜色。他们将孔雀鱼分成不同的组(也称作"系"),然后给它们提供涂成蓝色或者红色的食物。对食物颜色的偏好的确进化形成了,两个鱼系的后面几代中的确有了对红色或者蓝色食物的不同偏好。根据罗德的预测,雌鱼对雄鱼的颜色偏好会发生相应的变化。而这确确实实是发生了。随着对食物的偏好慢慢传递到后代,雄鱼身上橙色的面积也传递了下去:在喜欢红色食物的鱼系里橙色面积增大,而喜欢蓝色食物的鱼系里橙色面积则减少[9]。当然,由于雄鱼的颜色受到自己基因的一些限制,所以不能完全变成红色或蓝色。但橙色和红色实际上刺激的是非常相似的光感受器模式,和蓝色刺激的类型则完全不同。在这个实验中唯一可能导致雄鱼身上颜色增加的明显因素就是雌鱼的偏好。这些实验结果似乎证实了罗德和同事们早先的解释：是对橙色水果的喜好引起了对橙色雄鱼的偏好。

当我们观察性审美和对它们的偏好时，我们只能看到现在，即进化了千万年的生命之树的长长的树枝顶端。如果没有像上面那样仔细设计过的实验给我们提供更多的信息，我们是无法真正看见过去这种匹配发生的过程的。在性状特征和偏好这两个因果关系之间的箭头可以指向任何一个方向，在某些情况下甚至可以同时指向两种方向。这三种不同的进化过程可以到达同一个目的地，虽然进化的原因完全不一样。

* * *

性市场上没有免费的午餐。无论性状特征和偏好如何进化，它们都会有自己的成本和收益。成本收益比，以及它随时间变化的趋势，决定了这些特征和偏好的命运。考虑到在感官上利用隐藏偏好所带来的成本效益比，这可能是一个特别容易触发的过程。让我来解释一下这个断言吧。

性吸引力强的性状特征有一个特点，那就是它们的存在要付出昂贵的代价。不论是孔雀鲜艳的尾巴还是孔雀鱼身上明亮的颜色，这些特征通常需要花费更多的能量、用更多的时间来维护，并且比起其他类型的特征，它们在捕食者眼里更为明显。在乌鸫进化形成魅力四射的红色徽章这个例子中，如果产生红徽章的突变基因更能引起猎食者而不是雌乌鸫的注意，它很快就会从种群中消失。这一定是经常发生的：某种突变产生了一个显眼的性特征，但如果它等待对这个特征产生偏好（觉得它又好看，又对自己有利）的基因太久，最终这个突变只能消失。然而，如果存在着某些隐藏的偏好，一旦像红徽章这样的特征出现，它们在相同成本的情况下，没有了等待偏好突变基因出现的风险——由于先前隐藏起来但现在被暴露的偏好的存在，效益立即就能看见了。因此，对于产生同样漂亮有吸引力特征的基因突变来说，如果已经存在对其的隐藏偏好，这个特征进化的可能性就更大。

隐藏的偏好会影响性特征的进化，但又是什么进化形成了隐藏的偏好呢？有很多种来源。它们通常来自其他领域，比如可以从感觉、感受和认知系统中经过自然选择产生。选择与食物有关的颜色偏好——比如孔雀鱼的例子，以及第四章中讨论过的海鲫鱼和园丁鸟——向我们展示了在觅食领域内，自然选择如何通过感觉系统选择了对雄性求偶颜色的隐藏偏好。另一个可能的原因是自然选择出正确辨识性别的能力，比如在第三章中斑胸草雀从峰值位移里进化形成的隐藏偏好。在大多数情况下，我们会认为隐藏偏好起源于对周围环境的适应，这种适应性进而影响对美的认知，其实发生得相当偶然，而不是自然选择和进化的直接结果。

隐藏的偏好几乎总是与其他方面的适应性优势相关。因此，为了计算隐藏偏好的进化成本和收益，我们不仅要考虑它如何影响选择者的交配成功率，还要考虑它如何与影响选择者适应性的其他领域的功能相关。让我们回到孔雀鱼的例子里来，假设雄鱼身上的橙色会吸引更多的寄生虫，并且如果一条雌鱼跟更多橙色而不是更少橙色的雄鱼交配，"她"会更有可能感染寄生虫。如果"她"没有从更橙的雄鱼身上获得任何其他的好处，我们会认为对特别橙的雄鱼来说，暴露这种隐藏的偏好是违反适应性的、得不偿失的行为。就像进化形成没有异性喜欢的新特征一样，暴露出这种只有成本的隐藏偏好最终会让物种灭绝。但是，如果对食物和配偶的颜色喜好紧密关联，为了公平地计算隐藏偏好的适应性成本和收益，我们还需要考虑这种橙色偏好在觅食上的好处。这时，成本和收益的考量不仅仅是"对橙色雄鱼的偏好"，而是"偏好所有的橙色"。这让人想起我在第三章中讲过的兰花蜂与兰花交配的行为。这种动物与植物发生性行为的扭曲现象看起来相当愚蠢，并且不符合适应性，直到我们考虑了兰花蜂寻找配偶的策略。由于太难等到一只雌蜂，因此雄蜂最好保持强烈的交配欲望，甚至不时与花儿交配，而不要太过挑剔，最后错过了真正的雌蜂。

然而，利用隐藏偏好的特征来追踪求爱行为的进化可能表示这种倾向是不符合适应性的。事实上，这样的例子非常难找到。相反的情况却通常是正确的：一旦隐藏的偏好被暴露出来，就会给选择者带来好处而不是代价。为什么会这样呢？隐藏的偏好可能会降低选择者的搜索成本[10]。利用了这些偏好的求爱者经常得到这个好处，因为他们在选择者眼里更为显眼。例如，在孔雀鱼、海鲫鱼和招潮蟹眼中，他们更容易被看到，在许多蛙类、昆虫和鸣禽中，更容易被听到。在招潮蟹的例子中，那些在洞口竖起大钳子的雄性更容易被雌蟹看到，因为"他们"的眼睛结构使"他们"对垂直于地面的物体特别敏感。除了作为雄性性表型的延伸外，这些塔洞还可以在雌性遇到捕食者的时候为"她们"指明方向[11]。

不仅是那些善于利用雌性偏好的雄性会更容易被发现,"他们"的性特征还可以让雌性更快地做出与之交配的决定,这些信号在脑中会留下更长的记忆。雌性南美泡蟾在选交配对象时,在"呜呜"和"呜呜-咔咔"间做选择比同时面对两声"呜呜"时要更快[12]。此外,雌泡蟾记住复杂的"呜呜-咔咔"声的位置,比记住单独的"呜呜",或"呜呜"加一声"咔咔"的位置要容易得多。我的同事莫莉和我最近回顾了数百个雄性进化形成性特征以利用隐藏偏好的例子。在大多数情况下,这些偏好似乎都是有助于而不是阻碍"他们"寻找配偶,从而减少了寻找的时间[13]。

性市场是一个危险的地方,却没有人可以避开。这是寻找配偶的唯一地方,但它也同时被寻找食物的捕食者和寻找住所的寄生虫占据。作为一个性消费者,越快离开,成为别人盘中餐的可能性就越小。因此,利用一下您被隐藏的偏好可能并不是一件坏事——事实上大部分时候都是有利的。

* * *

我已经提到了一些利用隐藏偏好进化形成新特征的例子。我尤其感兴趣的是一些缺乏性状特征的隐藏偏好,不仅在某个我们感兴趣的物种中找不到这些特征,而且在相近的其他物种中也不存在,这些特征往往是研究者们生造出来,而不是进化出来的。这些例子让我们领悟到偏好世界里充满了等待被利用的隐藏偏好。正是这种偏好世界里的不稳定性，为选择者的大脑提供了大量的创造力，进化形成性审美。

鸟类学家南希·布耶伊（Nancy Burley）针对隐藏的偏好做了一些引人深思的早期实验。当鸟类被饲养在鸟笼中时，研究人员很难将它们区别开来。有一种方法是在它们的腿上缠一小段彩带，每一只的颜色都不同，这样研究人员就可以不接触就识别它们。斑胸草雀的腿上原本是没有彩带的，所以当布耶伊发现不论是雌性还是雄性，彩带的颜色都影响了它们的性吸引力时，大为惊讶。雄鸟更喜欢腿上装饰着黑色或者粉红色彩带而不是浅蓝色或浅绿色彩带的雌鸟。另一方面，雌鸟则喜欢红彩带雄鸟，同时避开浅蓝色或浅绿色彩带的雄鸟。布耶伊的研究很重要，因为它不仅提供了一个了解隐藏偏好的早期窗口，也揭示了圈养鸟类的交配成功率研究可能会因为使用了腿带而造成一些偏差。布耶伊进一步创新了实验。她给雄草雀戴上了一种看起来像是"派对帽"的东西。有些物种的鸟是有冠的，也就是从头顶延伸出的一撮撮细长羽毛，世界上一共有120种草雀，却没有一种戴冠。然而，当在两种草雀的雄性头顶加上细长的羽毛后，尽管"他们"看起来相当可笑，但在雌草雀眼里却比其他雄草雀更有性魅力[14]。

其他的研究者也采用了这种方法在雄性身上添加新的特征，以寻找雌性的隐藏偏好。食蚊鱼是被世界各地争相引入用作生物防治剂的一种鱼类。顾名思义，蚊子的幼虫是这些鱼的主要食物。澳大利亚——一个因在生物防治方面失败而臭名昭著的国家，引进蔗蟾蜍就是一个例子。引进食蚊鱼也同样失败了，因为这种鱼将其他的当地天然的食蚊动物逼得无蚊可吃了。像蔗蟾蜍一样，食蚊鱼现在也被澳大利亚认定为有害生物了。这些鱼既没有鲜艳的色彩，也没有让人眼前一亮的特征。它们的雄性很小，只有几厘米长，并且缺乏明显的求偶特征或行为。雄食蚊鱼有一个性器官，叫生殖足，用来给雌鱼授精，差不多像阴茎一样。但在大多数情况下，它与阴茎完全不同。这是一个长长的、改良过的鳍片，外侧有一个凹槽。精子会沿着这个凹槽游动，当末端插入雌性时，精子就会进入雌性体内。除了这个生殖足以外，食蚊鱼的雄性几乎没有为性做任何的投资，"他们"没有孔雀鱼鲜艳夺目的颜色，也没有剑尾鱼那样骚人的尾巴装饰。但是……如果有呢？

这是动物行为学家吉姆·古尔德（Jim Gould）和他的同事提出的问题。他们在 29 个独立的实验中，给雌鱼提供了无数改造过的雄食蚊鱼变种。要么尾鳍伸展开来，背鳍变形成鲨鱼状，要么给"他们"加上剑尾，或者把鱼涂成黑色，加上斑点，刷成白色，等等。几乎在每一次的对照中，雌鱼都对奇怪的、新鲜的、稀罕的雄鱼表现出了喜好[15]。原来模样的雄鱼对待性审美可能比较保守，但雌鱼在内心深处，却有着对新事物无与伦比的渴望，"她们"身上充满着隐藏的偏好。南美泡蟾也是如此。尽管这些雄泡蟾通过进化出咔咔声已经将自己的近亲甩在身后了，但如果再多加一个格外好听的音节，这些雄性的吸引力顿时就会增加 500% 之多，原来雌泡蟾对声音的欲望还远远没有得到满足。在一系列与古尔德的实验非常相似的实验中，我们做了 31 次实验，用不同方式改造泡蟾叫声，例如，用白噪声、其他物种的叫声甚至铃声和口哨声来代替"咔咔"。像古尔德一样，我们也发现了一种惊人的对"淫乱声"的偏好[16]。雌泡蟾会觉得许多这些被混音过的声音很有吸引力，甚至是铃声和口哨声。当咔咔声进化形成时，它很幸运地触发了一个隐藏的偏好，但我们现在也知道这并不是独一无二的。许多不同类型的声音也可以起到同样的作用，咔咔声只是幸运在它是第一个。

在许多情况下，动物中性审美的进化跟艺术家在画布上画画儿，或者音乐家尝试新的节奏或者和弦是一个道理。他们都是在探索观众的审美。这三者都是极富创造性的过程。它们深入我们的大脑，找出我们会认为美的东西，从而让我们周围充满美。

* * *

那我们呢？我们是否也有性特征利用了隐藏的性偏好？当然，并且我们很容易做到，特别是因为我们可以自行将某些形状、图像和性场景结合在一起。那些以我们的性审美为目标的工业，比如香水业，就可以人为地制造刺激，随时投入市场测试，迅速确定那些恰好符合消费者偏好的香味，不论这些偏好是隐藏的还是显而易见的。我将用两个商业界里有趣的例子结束这一章。一个例子可爱又有趣，另一个例子却有些让人不安。

先来讲可爱的例子好了——已经成为西方文化代表的玩具娃娃。我有6个妹妹和2个女儿，在我生命的大部分时间里，芭比娃娃一直都在。虽然芭比娃娃不是性玩具，但有些人却认为她代表着针对女性的不切实际的审美标准。芭比娃娃一直都在变老，但自1959年3月9日在纽约举办的美国国际玩具展上首次亮相以来，从来就没有长大过。有不少人对芭比特别有意见，觉得她一直在宣传女性受歧视的社会地位。但更多人只是觉得她漂亮，她浑身上下都散发着年轻和容易受孕的味道。芭比又高又瘦，她丰满的乳房表明她早已性成熟了，精力充沛的形象又证明她是如此的年轻，长而丰盈的头发是一种健康的信号。也有些人可能会认为她是这样美，美得竟有些不真实，他们很可能是对的。芭比是一种超过正常的刺激，那些夸张的特征让她显得不真实，就像许多人之前指出的那样——她根本就是假的。

芭比娃娃只有一个真人大小的六分之一，所以先让我把她放大到正常人大小，再来看看她与真人相比到底如何。芭比的体型在有些细节上跟平均值差不多。她的头围22英寸（1英寸≈2.54厘米），大致正常，胸围比一般人只相对小一点儿（32英寸对35或者36英寸）。但她的其他部分与普通女性比起来，则显得十分瘦小。用娇小来形容她都是在小看她。她的腰（16英寸）和臀（29英寸）都太小了，腰臀比只有0.56，与真正的美国女性（平均腰臀比为0.80）相比，简直就不值一提，甚至比在第七章中提到的，让许多男人心向往之的0.71都要小得多。她的脖子、手腕、小臂、脚踝——特别是大腿——都像火柴棍一样。一个真人大小的芭比在现实世界中几乎毫无用处。她那细长的脖子会让她无法撑起自己的头部，她的小腰只能装下半个肝脏和几英寸的小肠，她的小脚和细脚踝无法承受丰满的上半身，只能用四肢爬行[17]即使这位芭比是一个功能失调的人，却仍然有很多人认为她漂亮，是一个真正的美人！这可能看起来相当奇怪，直到我们将她与真实的、活生生的女性做一些平行的联想。

据《福布斯》杂志报道，吉赛尔·邦辰（Gisele Bündchen）2013

年收入高达4 200万美元，成为当时世界上收入最高的超级名模[18]。她的收入证明了西方社会许多人认为超模是超级有吸引力的。当然，超模不是典型的西方女性。她们的平均身高是5英尺10英寸（约1.78米），体重107磅（约48千克），和一般身高5英尺4英寸（约1.63米）、体重166磅（约75千克）的普通美国女性有那么一点不同。超模的确存在，但她们很少见。然而，通过大众媒体，她们不断曝光，让我们所有人都能欣赏她们的美丽，购买她们兜售的产品，然后像被催眠一样认为她们的美貌是正常的。事实上，她们的美似乎牵出了一种隐藏的对芭比式身材的偏好——一种对不正常的瘦高女性的偏好——一种可能基于我们的生理习性、文化，或者是两者的某种结合而存在的隐藏偏好。

这些隐藏着的偏好，就像我们对"芭比"的偏好，都是存在于自然选择的雷达之下的。正如我之前提过的，如果隐藏的偏好一旦被暴露就会对选择者造成伤害的话，那么它就会被自然选择淘汰。对"芭比"式女性的偏好在工业化之前，如更新世的"进化适应的环境"（进化心理学家认为这个时期我们的很多行为都已经形成）中无法存在[19]。即使她用四肢行走，并且只有半个肝脏，还在几乎没有任何小肠的情况下碰巧活了下来，她的产道也会因为过于狭窄而无法产下新生儿。随着芭比的灭绝，找她作伴侣的任何偏好也会随之消失。

但我们毕竟没有生活在更新世时期，对超正常刺激的隐藏偏好也不再潜伏在自然选择的雷达之下。今天，靠点点电脑鼠标就可以获得各种各样的性刺激了。这个简单的行为将这些隐藏的偏好公之于众，并招徕100亿美元来支持这个产业。欢迎来到色情乌托邦。

$$* \quad * \quad *$$

色情乌托邦(Pornotopia)是描述英国维多利亚时期色情作品的一个新词，是一个主要为男性创造超常性刺激的奇幻乐园[20]。这个奇幻乐园里充满了浑身散发性欲的女人。通常她们都很年轻，"勉强算得上合法"，拥有长头发、长腿、毫无瑕疵的皮肤，丰满的嘴唇，以及从未被一个正在发育中的婴儿撑开的腰围。尽管身体的某些部分可能做过一些手脚，这些女人都是真实存在的，却又很难被看作是正常人，因为她们的体型都属于真实女性体型的极端。她们不仅外表极端，性行为也很极端。正如凯瑟琳·萨尔蒙（Catherine Salmon）描述的那样，"色情片中的性爱完全是欲望和身体上的满足，没有求爱、承诺，为交配做出的努力或者试图维持长期关系。在色情乌托邦里，女性渴望与陌生人发生性关系，容易被性唤起，并且一直高潮着[21]。"色情乌托邦是男性实践大部分基本交配策略的最佳场所，正如我们在第一章中就提到的：看重数量而不是质量，经常交配，让女性为后代投资所有的资本。

过度观看色情作品被认为是一种强迫性性行为，但根据最新版本的《精神疾病诊断和统计手册》（DSM-5），它并非是一种成瘾行为[22]。这当然是一种性迷恋，就像L. F. Lowenstein在杂志《性与残疾》中定义的那样，你一看到就能明白："性迷恋是通过使用非生命对象作为唯一或者首选的实现性满足的方法[23]。"大多数动物都比我们注重实用性，它们保留性是为了繁殖。所以当我听到心理学家迈克尔·多扬（Michael Domjan）关于鹌鹑性迷恋的讲座时，我的确是大吃一惊。

第八章　隐藏的偏好和色情乌托邦里的生活　　　　213

鹌鹑是进行性研究的好对象。它们照顾起来容易又便宜，对实验反应良好，并且热衷于发生性关系。大多数的雄鸟缺乏阴茎或者任何类型的插入型性器官，所以"他们"的性行为由泄殖腔之吻而不是阴茎插入组成。"他们"必须爬上雌性的背，让两个泄殖腔相互接触，此时，雄性将精子"吐"到雌性的生殖道中。现在先请大家记住这些鸟的生物知识，接下来我们会探索关于鹌鹑性的黑暗面。

　　多扬用巴甫洛夫条件反射深入研究鹌鹑的色情乌托邦是怎么一回事[24]。我们可能都需要先复习一下巴甫洛夫条件反射实验。用个玩笑开头吧：巴甫洛夫走进一间酒吧，酒保拉响了柜台上的响铃，表示现在是最后一轮上酒的时间，巴甫洛夫突然一惊，"我忘了喂我的狗！"如果这个笑话还没有重新唤起你对巴甫洛夫经典条件反射实验记忆的话，它是这样进行的：通常，狗在等待食物时会垂涎三尺。在巴甫洛夫的实验中，他先敲了一下铃，然后再喂狗食。狗当然会垂涎三尺。巴甫洛夫持续这样做，直到铃声响起时，狗因为知道食物要来了，就会开始流口水。当这种情况发生时，条件反射就形成了。在这种类型的实验中，铃声是条件刺激（CS），一种人为的实验刺激，而食物是天然的、无条件的刺激物（US）。对食物流口水是一种自然的、无条件刺激的反应（UR）。实验的目的是让受试者形成条件反射，用条件刺激就能导致无条件刺激的反应（CS引起UR）——仅仅听到铃声，狗就会垂涎欲滴。后续的实验可以通过确定CS-UR关联被消除所需的时间来确定CS-UR关联的强度，比如说如果铃声响起后，食物永远不会出现，那么狗还会流几次口水？

　　再回到鹌鹑的实验上来。多扬和他的同事们在一个实验笼里放了一只雄鹌鹑。这只鸟面前的垂直圆筒上放了一个毛绒布物体，里面填充了柔软的聚酯纤维——性玩偶的类似物。这就是CS。CS只在这只鹌鹑面前出现了30秒，然后立即换成一只活的雌鹌鹑，US，并持续5分钟。这个时间一般来说已经足够交配了。当雄鹌鹑在雌鹌鹑被放进笼子之前就试图与CS接近并且交流的时候，条件反射就形成了。随后会进行30次条件消除实验，雄鹌鹑在这些实验中只能玩性玩具而没有雌鹌鹑。

这个关于性的条件反射实验非常成功，只重复了大约六次实验以后，所有的雄鹌鹑就都形成了条件反射。"他们"对着毛巾包裹的物体大放春波，呈现出自己的UR来。令人惊讶的是，大约有一半的雄鹌鹑开始试图与没有生命的毛绒玩偶交配——"他们"发展出了一种性迷恋。这个性玩偶与雌性几乎没有相似之处，除了它也很柔软以外。它没有类似泄殖腔的开口，可以用来拥抱雄性的泄殖腔之吻。然而，它仍然刺激了许多雄鹌鹑的交配行为。

消除实验通常紧接着条件反射实验。雄鹌鹑首先被给予性玩偶刺激，但后续不呈现雌鹌鹑以强化性玩偶刺激。在这些实验中，大多数的雄性最终停止了与毛绒玩偶的互动，但已经发展成性迷恋的雄性对性玩具表现出的性欲没有下降。毛绒玩具本身就成为了性对象，更确切地说是一种性迷恋的对象。它被雄性看重并不是因为它预示着将来会有一个真正的雌性来满足性需求，而是因为这个物体本身成为了满足性需求的一个途径[25]。多扬和同事的这一系列实验并没有像之前讨论过的许多实验那样发现隐藏的偏好，而是创造了一种新的偏好，一种适应不良的偏好。即使这个物体不再与真实的、活生生的性伴侣相关，迷恋性玩偶的偏好仍在继续。

鹌鹑实验没有继续研究性迷恋产生的具体神经化学过程。但是，这些实验为我们提供了窥视人类如何对色情片产生强迫性渴望的途径。人类开始探索潜在的神经化学过程。

我们知道色情片对大脑的影响。在第三章中，我讨论过喜欢和想要的区别。多巴胺奖励系统使我们想要喜欢的东西。老鼠吃喜欢的食物时会舔自己的胡子。如果阻断小鼠的多巴胺受体，它们仍然会像正常小鼠一样表现出对糖的喜欢，但却不愿意努力获得更多的糖了。它们喜欢糖，却不想要得到它。我们的大脑对性非常敏感——我们喜欢性也想要得到它。

一项聪明的人类实验表明，当我们审视性审美时，喜欢和想要这两者是可以分离的。男性首先被要求按照吸引力的顺序排列一些男人和女人的面部图片。然后他们可以查看自己喜欢的任何一张图片，对两性的面部吸引力进行排名（喜欢），然后花更多的时间看女性的漂亮图片（想要）。同时，还有脑活动 fMRI 对这些行为进行补充。与仅仅是"喜欢"相比，当测试者"想要"时，多巴胺奖励系统相关脑区的活动要强得多[26]。

在达尔文的理论里，多巴胺奖励系统是动物获得对自己有益的事物的一种适应机制。似乎只有人类的奖励系统才被其他东西利用了，赌博、饮食、毒品和性都劫持了这个系统，让许多瘾君子魂断西天。性行为可能是最容易利用奖励系统的一种活动了，正如 J.R. 格鲁吉亚迪斯在《社会情感神经科学和心理学》里的一篇文章中指出的那样，性高潮会产生人类神经系统中最强大的天然多巴胺奖励[27]，这种强大的正强化使得人们对色情片成瘾变得非常容易理解也非常容易出现。

男人和女人都会看色情片，这种行为有时会被认为是积极的（例如，增进性知识），也可能是消极的（例如，人际关系的困扰）。许多研究发现，男性更经常观看色情内容，更容易被赤裸裸的色情作品吸引，也更有可能成为色情作品的强迫性使用者[28]。许多关于强迫性使用色情作品的研究和讨论都是以男性为对象的，我也会集中讨论这个情况。

许多男人喜欢色情片，因为它是一种超常的刺激，就像飞蛾喜欢超浓度的性信息素和超常的翅膀舞动速度一样。在观看色情内容时，男性经常手淫并产生高潮，伴随着一轮轮多巴胺的无与伦比的冲击。这种神经化学递质的冲击巩固了色情片的激励性，它让男人不仅仅是喜欢色情片而且想要看更多的色情片。他们会由最初对超常刺激的喜欢发展到对性高潮还有随之而来的多巴胺系统的刺激的结合的一种性迷恋。喜欢会发展到想要，在某些情况下，想要会导致强迫。不管DSM-5怎么说，这看上去的确是一种成瘾行为。在某些极端情况下，这些强迫行为可能会导致不合群或者反社会综合征，他们的真实生活被色情取代。

色情作品不仅可以成为一个人放纵性欲的对象，还可以引导人们将这些欲望付诸行动。色情作品正在成为性教育的渠道之一。因此，它也许可以打造我们脑中的神经元，教会我们如何发生性行为。

色情片取代了更衣室①和生理卫生课，成为"爱爱"知识的传播者。在色情片广泛传播之前，年轻人很难获得内容广泛的一手教学。过去的更衣室专家们，往往只比他们的"学生"年长几岁而已，可能已经知道了亲吻、抚摸，还有如何跑到一垒、二垒，甚至三垒的第一手资料，但他们的知识仍然是有限的。但互联网色情片不一样，不仅性活动猖獗，而且提供了它们是什么，以及如何执行的图解说明，几乎不需要什么想象力。

在《大脑和成瘾》杂志的一篇文章中，唐纳德·希尔顿（Danald Hilton）深入研究了将色情作品作为一种超常规刺激的看法，并提出了另一个关于"镜像神经元"的严肃问题[29]。镜像神经元最早是在猴子前额叶皮质层中发现的视觉运动神经元。这些神经元在猴子做出某些动作，以及当它看到另一只猴子做出相同动作时被激发。运动神经元的一个功能是辅助模仿。镜像神经元在主人观察一个动作时的激发模式可以作为模板，告诉主人当自己需要做出同样的动作时，神经元应该如何激发。第二个功能与"理解动作"有关。当运动神经元通过观察某个特定动作被激发时，观察者会根据自己让神经元以相同模式激发的行为赋予这个动作某个意义。当我看到某人挥动球棒时，我脑中被激发的镜像神经元和我自己挥动一只球棒时会激发的神经元一模一样。所以，我现在知道我看到的是什么了。

在一些研究中，受试者被要求观看色情视频的片段，而研究者则用fMRI扫描包含镜像神经元的脑区。结果显示，在观看视频时，

---

①Locker room talk, 更衣室谈话，通常发生在高中的更衣室里，内容低俗、言语冒犯，具有性意味。

神经元的活动增加与性情绪的增强还有阴茎勃起是相关的。尽管这些研究仅仅表明了相关性而非因果关系，但它们确实提出了镜像神经元在学习模仿，或者学习性行为的意义方面的一些潜在作用。鉴于某些形式的色情作品越来越暴力、丧失尊严，希尔顿开始担心色情作品中"负面情绪、文化和人口统计学"对神经系统的各种网络的影响，这些网络参与学习和理解如何恰当地与性伴侣互动。这个价值数十亿美元行业造成的可怕后果是，色情作品可能会在我们的大脑中创造神经模板，重新定义什么是正常的性行为。

但必须指出，镜像神经元的功能仍有争议，尤其是人脑中的镜像神经元究竟有何功能？是否真实存在？[30] 如果色情作品的确可以影响人对性行为的认知，那么不论镜像神经元是否存在，希尔顿的担忧仍然是成立的。这本书的最后一节还表明纳奥米·沃尔夫（Naomi Wolf）十多年前发表的论断相当有先见之明，"人类在历史上第一次用图像的力量和吸引力取代了生活中真实的裸体女人。事实上，一位真实的脱光衣服的裸女在今天已经是质量相当低下的色情内容了[31]"。

今天，似乎很明显，超乎常规的刺激、隐藏的偏好以及掌管着"喜欢"和"想要"的神经回路，共同推动着色情产业的发展，其结果类似于数千年性审美的进化历程。但对人类而言，不是求爱者进化形成的性状特征影响了选择者的性偏好，而是包括但不限于色情片在内的整个产业链，针对我们的性美学创造刺激的投资的文化进化替代了自然演化。下次当你再听到鸟儿唱歌，看到一只萤火虫发光，或一位超模把玩着一件你实际完全不需要的东西的时候，请你一定记起我今天说的话。

后记

美，无处不在，其多样性令人陶醉。多样性存在是因为美通过不同的感官进入我们的"性脑"。这也限制了我们比较美的能力：我们无法客观地对一支舞、一首歌、一味香的美进行排名。在单一的感官范围内，美的多样性同样惊人——鱼身上调色板般的颜色和鸣禽的音库都让人难以抗拒。所有这些多样性的存在显示没有单一的、柏拉图式理想的美。我们自己如此，成千上万有性繁殖的物种也是如此。美的多样性源于不同物种甚至同一物种的个体对周围世界感知的多样性。我们的性审美，对人和其他物种的性审美，不是由前世传下，而是源于自身，特别是我们的大脑。我们才是定义美的人，如果不经由旁观者的大脑来观察美，就不可能理解美的存在以及我们对美的品味。如果这本书没给你一些其他知识，至少我希望可以说服你相信这个事实。

包含神经科学、心理学和医学领域的脑科学在所谓"大脑之新世纪"的开端就取得了令人惊喜的进步。通常，大脑与进化之间的关系仅仅是一些马后炮。当研究者确实将这两者结合起来一起考虑时，他们的重点经常是放在了大脑如何进化成了今天的样子。无论研究的是何物种，这都是一个让人欲罢不能的问题，但另外一个同样让人无法抗拒的问题是，大脑如何推动了进化过程。这本书介绍了其中的一种。

我已经讲过大脑如何推动美的进化了。但我只介绍了一种情况，即在异性伴侣的择偶过程中，求偶者评估选择者的时候。但是，性行为肯定比我在这里涵盖的要更多样化。我举出的大多数例子都是雌性选择雄性，或者是雌雄两性相互评估。尽管我提到过雄性选择雌性，但我没有更进一步地探讨将这个典型的雌选雄公式推翻的因素。对此，生物学家是完全了解的，只不过它不在本书的讨论范围之内。

我也没有讨论同性恋这种不仅限于人类的现象。这个话题里有许多吸引人的问题，但如果我们将异性恋／同性恋视为两个不变量而不是一个性取向光谱的两个极端的话，我们很可能就提错了问题。然而，如果能知道"同性恋"是不是使用了那些相同的评估异性的参数来评估同性个体的美，的确会是一件非常有意思的事。如果不是，那又是为什么呢？了解异性恋交配模式中性审美的进化是一个重要的任务，但并不是唯一的任务。

当然，审美不限于性审美。我在这里提出的观点也让我们想知道自己大脑中的那些特性和癖好如何影响了我们更宏观意义上对"美"的欣赏，那些超越了性的审美。为什么一条彩虹是"美"的？ 为什么仅仅是光线折射成一条条的彩带会让我们心生敬畏？我们可以对着一幅艺术作品、一片花海和足球场上一记绝佳的射门，提出同样的问题。我们的这些对美的感知是不是我们性美学的意外之喜呢？又或者，我们在其他领域对美的鉴赏会不会影响我们的性审美？感官、大脑、认知结构如何让我们欣赏周围的美？为什么美对我们如此重要？

像达尔文一样，我们还会遇到让我们疑惑的美的方方面面，但是，自他的时代之后，我们对美的进化又了解了许多。科学的探索还会继续下去，我们还会持续提高自己的能力，发现美如何融入生活，如何采取多种形式，以及如何引发狂热赞赏。

图书在版编目（CIP）数据

性与美：颜值的进化史 / （美）迈克尔·瑞安著；余湉译 . —长沙：湖南
科学技术出版社，2024.4
ISBN 978-7-5710-1345-5

Ⅰ . ①性… Ⅱ . ①迈… ②余… Ⅲ . ①性—关系—动物—进化—研究
Ⅳ . ① Q111.2 ② Q951

中国版本图书馆 CIP 数据核字〔2021〕第 249620 号

湖南科学技术出版社独家获得本书中文简体版出版发行权
著作权登记号：18-2023-103

XING YU MEI : YANZHI DE JINHUASHI
性与美：颜值的进化史

著者	**邮购联系**
[美] 迈克尔·瑞安	本社直销科 0731-84375808
译者	**印刷**
余湉	湖南省众鑫印务有限公司
出版人	**厂址**
潘晓山	长沙县榔梨街道梨江大道20号
策划编辑	**邮编**
李蓓 吴炜	410100
责任编辑	**版次**
李蓓	2024 年 4 月第 1 版
营销编辑	**印次**
周洋	2024 年 4 月第 1 次印刷
出版发行	**开本**
湖南科学技术出版社	880 mm×1230 mm 1/32
社址	**印张**
长沙市芙蓉中路一段 416 号	7.5
泊富国际金融中心	**字数**
网址	210 千字
http://www.hnstp.com	**书号**
湖南科学技术出版社	ISBN 978-7-5710-1345-5
天猫旗舰店网址	**定价**
http://hnkjcbs.tmall.com	68.00 元

（版权所有·翻印必究）

（印装质量问题请直接与本厂联系）

扫描二维码，进入一推君的奇妙领地，
回复"性与美"，获取本书注释、参考文献及索引。